中国特色高水平高职学校项目建设成果

C 语言程序设计

主　编　戚本志
参　编　刘万村　赵爱民
主　审　刘卫民

哈尔滨工程大学出版社
Harbin Engineering University Press

内容简介

本书是中国特色高水平高职院校哈尔滨职业技术大学电气自动化技术专业基础课程的配套教材。本教材基于教学做一体化教育理念实施课程改革的需要,与企业人员共同研究编写而成,适用于电气自动化软件设计类人才的培养。

本教材针对C语言程序设计的学习,由浅入深设计了12个编程任务,重组了C语言程序设计的知识体系,更加侧重于对学习者动手实践能力的培养,每一个编程任务包括任务导入、知识链接、任务实施、知识拓展和课后习题等部分。本教材十分注重任务程序编写与调试运行实践过程的设计,突出职业能力的培养,内容翔实、图文并茂、实用性强。

图书在版编目(CIP)数据

C语言程序设计 / 戚本志主编. -- 哈尔滨 : 哈尔滨工程大学出版社, 2024. 9. -- ISBN 978-7-5661-4566-6

Ⅰ. TP312.8

中国国家版本馆CIP数据核字第2024EV1721号

C语言程序设计
C YUYAN CHENGXU SHEJI

选题策划 雷　霞
责任编辑 丁月华
封面设计 李海波

出版发行 哈尔滨工程大学出版社
社　　址 哈尔滨市南岗区南通大街145号
邮政编码 150001
发行电话 0451-82519328
传　　真 0451-82519699
经　　销 新华书店
印　　刷 哈尔滨午阳印刷有限公司
开　　本 787 mm×1 092 mm　1/16
印　　张 16.50
字　　数 421千字
版　　次 2024年9月第1版
印　　次 2024年9月第1次印刷
书　　号 ISBN 978-7-5661-4566-6
定　　价 58.00元
http://www.hrbeupress.com
E-mail:heupress@hrbeu.edu.cn

编写说明

中国特色高水平高职学校和专业建设计划(简称“双高计划”)是我国教育部、财政部为建设一批引领改革、支撑发展、中国特色、世界水平的高等职业学校和骨干专业(群)而实施的重大决策建设工程。哈尔滨职业技术大学(原哈尔滨职业技术学院)入选“双高计划”建设单位,学校对中国特色高水平学校建设项目进行顶层设计,编制了站位高端、理念领先的建设方案和任务书,并扎实地开展人才培养高地、特色专业群、高水平师资队伍与校企合作等项目建设,借鉴国际先进的教育教学理念,开发具有中国特色、符合国际标准的专业标准与规范,深入推动“三教改革”,组建模块化教学创新团队,实施课程思政,开展“课堂革命”,出版校企双元开发活页式、工作手册式、新形态教材。为适应智能时代先进教学手段应用,学校加强对优质在线资源的建设,丰富教材的载体,为开发以工作过程为导向的优质特色教材奠定基础。按照教育部印发的《职业院校教材管理办法》要求,本系列教材编写总体思路是:依据学校双高建设方案中教材建设规划、国家相关专业教学标准、专业相关职业标准及职业技能等级标准,服务学生成长成才和就业创业,以立德树人为根本任务,融入课程思政,对接相关产业发展需求,将企业应用的新技术、新工艺和新规范融入教材之中。教材编写遵循技术技能人才成长规律和学生认知特点,适应相关专业人才培养模式创新和优化课程体系的需要,注重以真实生产项目以及典型工作任务、生产流程、工作案例等为载体开发教材内容体系,理论与实践有机融合,满足“做中学、做中教”的需要。

本系列教材是哈尔滨职业技术大学中国特色高水平高职学校项目建设的重要成果之一,也是哈尔滨职业技术大学教材改革和教法改革成效的集中体现。教材体例新颖,具有以下特色:

第一,教材研发团队组建创新。按照学校教材建设统一要求,遴选教学经验丰富、课程改革成效突出的专业教师担任主编,邀请相关企业作为联合建设单位,形成了一支学校、行业、企业和教育领域高水平专业人才参与的开发团队,共同参与教材编写。

第二,教材内容整体构建创新。精准对接国家专业教学标准、职业标准、职业技能等级标准,确定教材内容体系;参照行业企业标准,有机融入新技术、新工艺、新规范,构建基于职业岗位工作需要的,体现真实工作任务、流程的内容体系。

第三,教材编写模式及呈现形式创新。与课程改革相配套,按照“工作过程系统化”“项目+任务式”“任务驱动式”“CDIO式”四类课程改革需要设计四种教材编写模式,创新新形态、活页式或工作手册式三种教材呈现形式。

第四,教材编写实施载体创新。根据专业教学标准和人才培养方案要求,在深入企业调研岗位工作任务和职业能力分析基础上，按照“做中学、做中教”的编写思路，以企业典型工作任务为载体进行教学内容设计，将企业真实工作任务、真实业务流程、真实生产过程纳入教材，开发了与教学内容配套的教学资源，以满足教师线上线下混合式教学的需要。同时，本系列教材配套资源在相关平台上线，可满足学生在线自主学习的需要，学生也可随时下载相应资源。

第五，教材评价体系构建创新。从培养学生良好的职业道德、综合职业能力、创新创业能力出发，设计并构建评价体系，注重过程考核和学生、教师、企业、行业、社会参与的多元评价，在学生技能评价上借助社会评价组织的“1+X”考核评价标准和成绩认定结果进行学分认定，每部教材根据专业特点设计了综合评价标准。为确保教材质量，哈尔滨职业技术大学组建了中国特色高水平高职学校项目建设成果编审委员会。该委员会由职业教育专家组成，同时聘请企业技术专家进行指导。学校组织了专业与课程专题研究组，对教材编写持续进行培训、指导、回访等跟踪服务，建立常态化质量监控机制，为修订、完善教材提供稳定支持，确保教材的质量。

本系列教材在国家骨干高职院校教材开发的基础上，经过几轮修改，融入了课程思政内容和“课堂革命”理念，既具教学积累之深厚，又具教学改革之创新，凝聚了校企合作编写团队的集体智慧。本系列教材充分展示了课程改革成果，力争为更好地推进中国特色高水平高职学校和专业建设及课程改革做出积极贡献！

哈尔滨职业技术大学

中国特色高水平高职学校项目建设系列教材编审委员会

2024 年 6 月

前　　言

本书是中国特色高水平高职院校哈尔滨职业技术大学电气自动化技术专业基础课程的配套教材，本教材基于教学做一体化教育理念实施课程改革的需要，与企业人员共同研究编写而成，适用于电气自动化软件设计类人才的培养。新型活页式教材作为一种新兴教材开发模式，对于职业教育更新快、实践要求高的需求具有重要意义，能够更好地适应高职院校理论与实践一体化的课程模式。

本教材主要针对 C 语言程序设计的学习，由浅入深设计了 12 个编程任务，重组了 C 语言程序设计的知识体系，更加侧重于对学习者动手实践能力的培养，每一个编程任务包括任务导入、知识链接、任务实施、知识拓展和课后习题等部分。本教材十分注重任务程序编写与调试运行实践过程的设计，突出职业能力的培养，内容翔实、图文并茂、实用性强。

本教材的编写分工如下：哈尔滨职业技术大学戚本志编写了任务 1、任务 2、任务 6 至任务 12、附录 A、附录 B、附录 C；哈尔滨电机厂有限责任公司赵爱民负责编写了任务 3、附录 D；哈尔滨职业技术大学刘万村编写了任务 4、任务 5、附录 E；全书由哈尔滨职业技术大学戚本志主编并统稿。

本教材既可作为本专科电气工程及自动化专业及其他机电类专业的特色教材，也可作为相关企业培训教程和高级语言程序设计开发人员的参考用书。本课程建议教学学时数为 48 学时，本课程的教学应在教学做一体化多媒体机房完成。

编　者

2024 年 1 月

目　录

任务1　使用C语言编程计算圆的周长与面积

【任务导入】

圆的周长与面积的计算广泛应用于人们生产生活的众多领域,比如在制造业中设计人员要在图纸上计算和标注圆形零件的尺寸和形状,以帮助机床操作人员准确地进行零件的切割和加工;在工程测量中工程师们常常需要计算圆形管道、存储罐等物品的周长和容量,帮助采购员准确地获知所需购买材料和资源的数量;在交通规划和铁路工程中,设计人员也会遇到圆形道路和轨道的设计;在建筑和土木工程中设计师和工程师需要计算圆形物体如圆柱体、圆形窗户、圆形花园等的周长和面积,以确定所需材料的数量和安装的细节;如果想要建造一个圆形游泳池,就需要计算游泳池的周长来确定所需的边界围栏长度,计算游泳池的面积来确定所需的水泵功率。

【学习目标】

知识目标:

(1)能够阐述C语言程序的基本组成和C语言的函数结构;
(2)能够陈述C语言的发展过程及其特点;
(3)能够说出常用输入输出函数的名称和结构形式;
(4)能够概述在集成环境中进行程序编写、编译和调试的方法。

能力目标:

(1)能够根据任务要求和C语言编程技巧完成程序设计;
(2)能够在DEVCPP集成开发环境下调试和运行C语言程序;
(3)能够根据任务需要查找相关资料,以获取新信息和新知识;
(4)能够阅读、分析和撰写程序设计文档资料;
(5)能够根据程序运行效果对程序代码设计进行优化。

思政目标:

(1)树立职业理想,具备民族自豪感和家国情怀;
(2)具有精益求精的工匠精神,逐步养成简洁、高效的程序设计风格;
(3)具有良好的沟通能力和团队协作能力;
(4)遵守程序设计人员的职业道德准则和职业规范。

【任务工单】

任务名称	使用C语言编程计算圆的周长与面积	参考学时	4学时
任务描述	经小组讨论，使用C语言编写程序，给定一个半径值，计算圆的周长与面积并输出		
程序设计			
运行结果			
任务收获			

让我们首先了解一下 C 语言程序的结构和语法规则吧！

【知识链接】

一、程序的编译环境

C 语言程序是如何运行的呢？

Dev-Cpp 是 Windows 环境下的一个轻量级 C/C++集成开发环境(integrated development environment,IDE),包含编写、编译、调试和执行 C 语言程序所必需的标准功能。它是一款自由软件,遵守 GPL(general public license)许可协议分发源代码,学习者可以自行下载。它集合了功能强大的源码编辑器,开发环境包括多页面窗口、工程编辑器以及调试器等,在工程编辑器中集合了编辑器、编译器、连接程序和执行程序,提供高亮度语法显示功能,以减少编辑错误,还有完善的调试功能,适合在教学中供 C/C++语言初学者使用。

1. 建立新程序

在桌面上启动 Dev-Cpp 软件,软件界面如图 1-1 所示。

在“文件”菜单中,如图 1-2 所示,选择“新建”命令中的“源代码”,出现一个文件名为“未命名 1”的源程序窗口,如图 1-3 所示。在此窗口中输入预先编写好的程序(注意:在实际输入过程中,要使用半角状态的标点符号)。

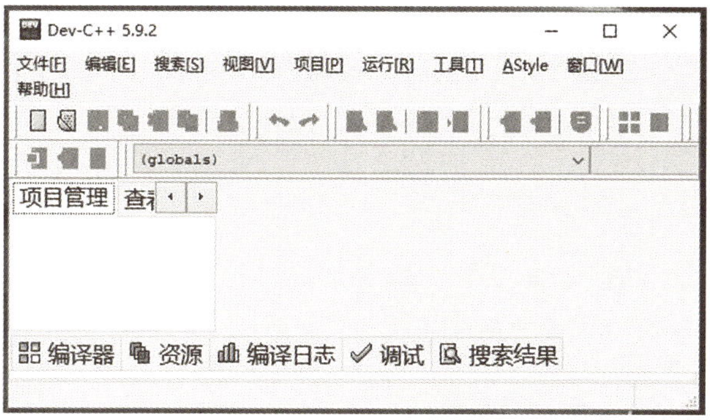

图 1-1　Dev-Cpp 软件界面

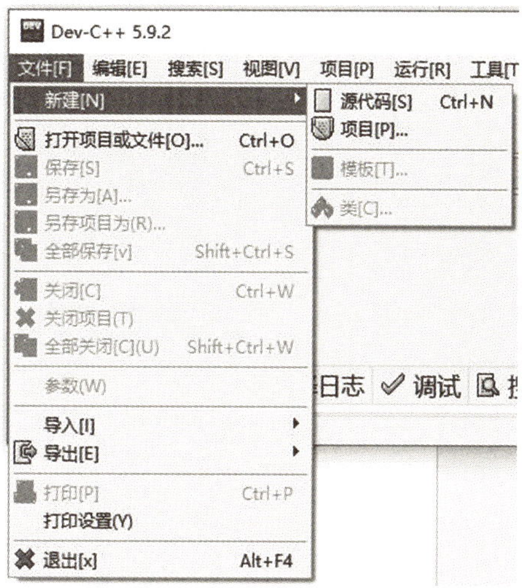

图 1-2　“文件”菜单

2. 保存程序

在“文件”菜单中,选择“保存”命令或“另存为”命令,出现对话框如图 1-4 所示,首先给出文件所保存的位置,例如“D:/我的程序文件”文件夹,然后在文件名一栏中填写“第一个程序. cpp”(注意:不要遗漏文件名后缀. c 或. cpp),最后点击“保存”按钮。文件保存后,程序窗口上的文件名变为“第一个程序. cpp”,如图 1-5 所示。

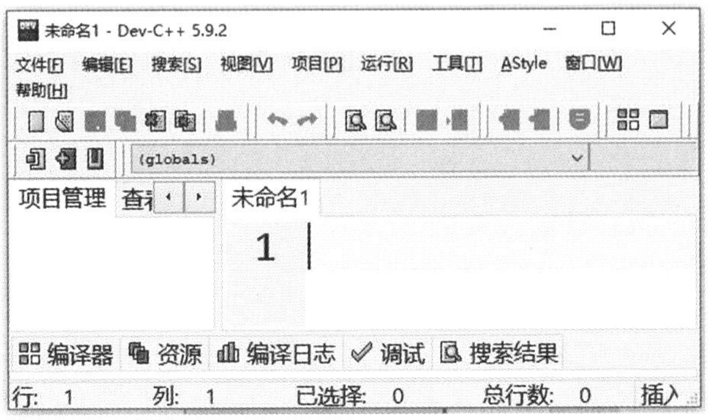

图 1-3　源程序窗口

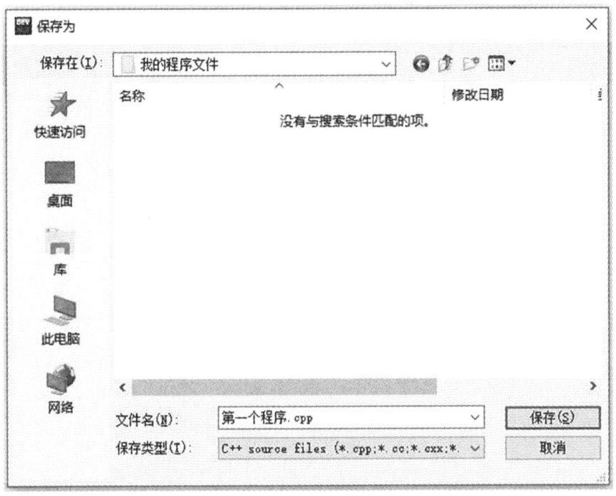

图 1-4　保存文件

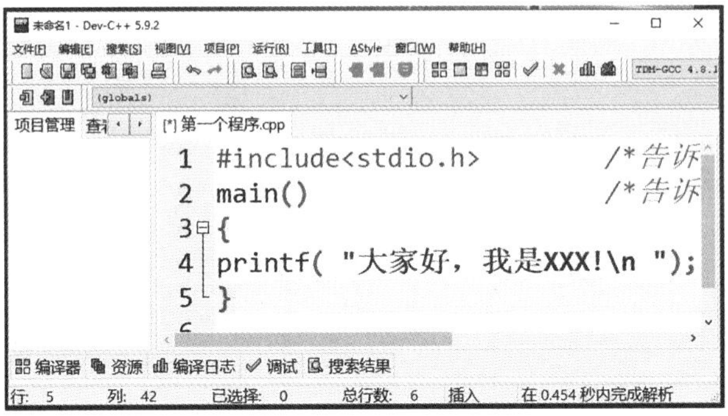

图 1-5　编写保存后程序窗口

3. 编译程序

选择“运行”菜单中的“编译”命令或按编译快捷键 F9 编译源程序，如图 1-6 所示。在编译过程中如果有错误可以在编译器信息窗口中显示出来，双击错误信息，可以在源程序中定位所在行，纠正错误后，再次编译，直到没有错误。在编译没有错误后，将会生成可执行文件“第一个程序. exe”，如图 1-7 所示。选择“运行”菜单中的“运行”命令或按运行快捷键 F10 运行可执行文件“第一个程序. exe”，可以观测记录程序运行结果。

在程序编译之前要处理的内容一般称为编译预处理命令。编译预处理命令有很多，它们都以“#”开头，如宏定义(#define)、文件包含(#include)、条件编译(#ifdef)等，可以放在代码中任意行，一条预处理命令占用一行。预处理命令指示了在程序正式编译前由预编译器进行的操作，一般是在编译器进行编译之前对源代码做某些代码文本的替换工作。例如#include 是指文件包含，所谓“文件包含”是指在一个文件内将另外一个文件的内容全部包含进来。因为被包含的文件中的一些定义和命令使用的频率很高，几乎每个程序中都可能要用到，为了提高编程效率，减少编程人员的重复劳动，将这些定义和命令单独组成一个头文件。

图 1-6　“运行”菜单

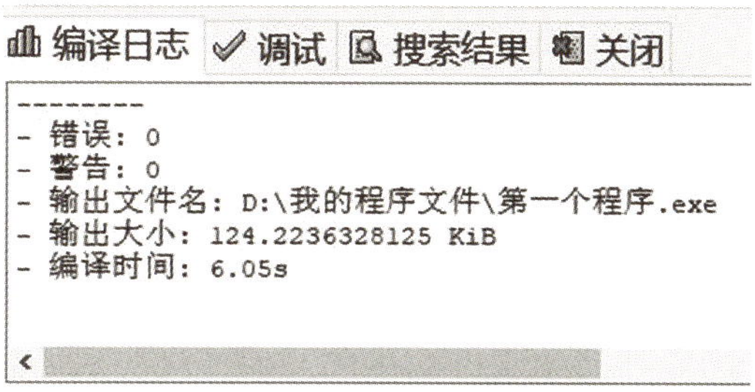

图 1-7　编译日志窗口

【练习 1】输出某学校的校训

练习 1	阅读分析第一个简单的 C 语言程序，明确程序各组成部分的功能和每一行每一个符号的作用
程序源代码	#include<stdio.h>　　/* 告诉编译器包含头文件 stdio.h */ main()　　/* 告诉编译器 C 程序由此开始执行 */ {　　/* 程序执行开始 */ 　printf("修德、塑能、创新、致远！ \n");　/* 输出函数调用语句 */ }　　/* 程序执行结束 */
运行的结果	
疑问与收获	提示：写出程序中重要字母组合的含义。 例如：stdio. h 是标准输入输出头文件。程序源代码中如果用到标准输入输出函数，就要包含这个头文件。“stdio”是 “standard input & output”的缩写简拼

二、格式化输出函数

我们要如何使用输出函数 printf 呢?

程序运行中,有时候需要从外部设备(例如键盘)上得到一些原始数据,程序计算结束后,通常要把计算结果发送到外部设备(例如显示器)上,以便人们对结果进行分析。我们把程序从外部设备上获得数据的操作称为“输入”,而把程序发送数据到外部设备的操作称为“输出”。不像其他的高级语言,C 语言没有专门的输入/输出语句,输入/输出的操作是通过调用 C 语言的库函数来实现的。printf 函数是最常用的输出函数,它的作用是向计算机系统默认的输出设备(一般指显示器)输出一个或多个任意指定类型的数据。

1. 调用格式

调用 printf( ) 函数的一般格式为:

```
printf("格式字符串", 输出项表);
```

例如:

```
printf("ave=%f\n",ave);
```

格式字符串也称格式控制字符串或格式转换字符串,其中可以包含格式指示符、转义字符和普通字符等三种字符;输出项表可以由一个或多个输出项构成,多个输出项之间要用逗号来分隔,每个输出项既可以是常量、变量,也可以是表达式。有时候,调用 printf( ) 函数时,也可以没有输出项,这种情况,一般用来输出一些提示信息,例如在练习 1 中 printf("修德、塑能、创新、致远! \n");就没有输出项。

2. 格式指示符

格式指示符的一般形式为:

%[修饰符]格式字符

(1)格式字符

printf 函数中常用的格式字符如表 1-1 所示。

表 1-1 printf 函数中常用的格式字符

数据类型	格式字符	意义	举例	输出结果
整型	d	输出十进制形式的带符号整数(正数不带符号)	int x=65; printf("%d",x);	65
	u	输出十进制形式的无符号整数	unsigned x=65;printf("%u",x);	65
	o	输出八进制形式的无符号整数(不带前导 0)	int x=65; printf("%o",x);	101
			int x=0101;printf("%o",x)	101
	x、X	输出十六进制形式的无符号整数(不带前导 0x)。x 是指字母 a~f 小写显示,X 是指字母 A~F 大写显示	int x=163;printf("%x",x);	a3
			int x=163;printf("%X",x);	A3
			int x=0xa3;printf("%X",x);	A3

表 1-1(续)

数据类型	格式字符	意义	举例	输出结果
实型	f	输出十进制小数形式的单、双精度实数(默认 6 位小数)	float x=12.34;printf("%f",x);	12.340000
			double x=12.34;printf("%f",x);	12.340000
	e、E	输出指数形式的单、双精度实数。e 是指字母 e 小写显示,E 是指字母 E 大写显示	float x=12.34;printf("%e",x);	1.234000e+001
			float x=12.34;printf("%E",x);	1.234000E+001
			double x=12.34;printf("%e",x);	1.234000e+001
	g、G	自动选择%f 或%e 中较短的形式输出单、双精度实数,不输出无效 0	double x=123456789.1234; printf("%g",x);	1.23457e+008
字符	c	输出单个字符	char x='A';printf("%c",x);	A
字符串	s	输出字符串	char x[]="ABC";printf("%s",x);	ABC

(2)长度修饰符

长度修饰符"l"加在%号和格式字符之间。输出长整型数据的时候,一定要加长度修饰符,否则得不到正确的显示结果。例如:

```
long int x=7654321;
printf("x=%ld\n", x);
```

输出结果为:x=7654321。

(3)宽度修饰和精度修饰

可以在%号和格式字符之间加入形如"m.n"(m、n 均为整数)的修饰。

其中,m 为宽度修饰,n 为精度修饰。宽度修饰用来指定数据的输出宽度。精度修饰对不同的格式字符作用不同:对于格式字符 f,用来指定输出小数位的位数;对于格式字符 e,用来指定输出有效数字的位数;对于格式字符 d,用来指定必须输出的数字的个数。

(4)左对齐修饰

在指定宽度修饰时,如果指定宽度小于数据需要的实际宽度,则数据左边补空格,补够指定的宽度,这种对齐方式称为"右对齐"。当然,也可以在数据的右边补空格来补够指定的宽度,这种对齐方式称为"左对齐"。指定左对齐的时候,使用左对齐修饰符"-",例如语句:

```
printf("%-7.2f\n", 1.23456);
```

输出结果为:1.23□□□(右边补三个空格)。

3. 转义字符

C 语言程序中 printf 函数常用的转义字符如表 1-2 所示。

表 1-2　printf( ) 函数中常用的转义字符

转义字符	描述	对应的 ASCII 码值
\a	响铃	7
\b	退格,将当前位置移到前一列	8
\f	换页,将当前位置移到下一页	12
\n	换行,将当前位置移到下一行开头	10
\r	回车,将当前位置移到本行开头	13
\t	水平制表,相当于 tab 键	9
\V	垂直制表	11
\\	输出反斜杠\	92
\′	输出英文单引号′	39
\″	输出英文双引号″	34
\0	空字符	0
\ddd	1 到 3 位八进制所代表的任意字符	三位八进制
\xhh	1 到 2 位十六进制所代表的任意字符	二位十六进制

4. 使用说明

(1) printf( ) 函数可以输出常量、变量和表达式的值。但格式控制字符串中的格式指示符必须按从左到右的顺序,与输出项表中的每个数据一一对应,否则出错。

(2) 格式字符 x、e、g 可以用小写字母,也可以用大写字母。使用大写字母时,输出数据中包含的字母也大写。除了 x、e、g 格式字符外,其他格式字符必须用小写字母,例如,“%f”不能写成“%F”。

(3) 格式字符紧跟在“%”后面时作为格式字符,否则将作为普通字符使用(原样输出),例如,“printf(″c=%c, f=%f\ n″, c, f);”中的第一个 c 和 f 都是普通字符。

【练习 2】求三个数的平均值

练习 2	阅读分析求三个数的平均值的 C 语言程序,明确程序各组成部分的功能和每一行每一个符号的作用。

程序源代码	`#include<stdio.h>`　　/* 预处理命令#include */
	`main()`　　/* main()称为主函数 */
	`{`　　/* 程序执行开始 */
	`float a,b,c,ave;`　　/* 定义 a、b、c、ave 为实型数据 */
	`a=4;`
	`b=9;`
	`c=12;`
	`ave=(a+b+c)/3;`　　/* 计算平均值 */
	`printf("ave=%f\n",ave);`　　/* 在屏幕上输出 ave 的值 */
	`}`　　/* 程序执行结束 */

运行的结果	
疑问与收获	提示:写出程序中重点符号的作用 例如:\n 是一个转义字符,其意义是"换行"

三、C 语言函数

让我们来了解一下 C 语言函数的结构吧!

1. 函数的一般结构

任何函数(包括主函数)都是由函数说明和函数体两部分组成的。其一般结构如下:

```
[函数类型]  函数名([函数形式参数表])          /* 函数说明部分 */
{                                            /* 函数体部分 */
[数据说明部分]
函数执行部分
}
```

其中,加方括号([ ])时,表示其中的内容可以省略,以下相同。函数体部分由函数说明部分以下的一对大括号({ })内的若干条语句构成。函数体一般又由数据说明部分和函数执行部分两部分构成。如果一个函数内有多对大括号,则最外面的一对大括号是函数体的范围。

(1)数据说明部分

数据说明部分由变量定义、自定义函数声明、外部变量说明等部分组成,其中,变量定义是主要的。例如,练习 3 的 main()函数体里的"int num1,num2;"语句,它定义了两个整型变量 num1 和 num2。

(2)函数执行部分

函数执行部分一般由若干条可执行语句构成。例如,在练习 3 的 main()函数体中,除变量定义语句"int num1,num2;"外,其余 5 条语句构成该函数可执行语句部分。

2. 程序结构的基本特点

如练习 2 所示的 C 语言程序仅由一个 main()函数构成,它相当于其他高级语言中的主程序;又如练习 3 所示的 C 语言程序由一个 main()和一个其他函数 max()(用户自己设计的函数)构成,函数 max()相当于其他高级语言中的子程序。由此可见,一个完整的 C 语言程序结构有两种表现形式:一是仅由一个 main()函数(又称主函数)构成;二是由一个且只能有一个 main()函数和若干个其他函数结合而成,其中自定义函数由用户自己设计。

(1)C 语言程序是由函数(如 main()函数和 max()函数)组成的,每一个函数完成相对独立的功能,函数是 C 语言程序的基本模块单元。"main"和"max"是函数名,函数名后面的一对圆括号"()"是用来写函数的参数的。参数可以有,也可以没有,但圆括号不能省略。

(2)一个 C 语言程序总是从 main()函数开始执行。主函数执行完毕,程序执行结束。

(3)C 语言编译系统区分字母大小写。C 语言把大小写字母视为两个不同的字符,并规定每条语句或数据说明均以英文分号(;)结束。分号是语句不可缺少的组成部分。

(4)主函数 main()既可以放在 max()函数之前,也可以放在 max()函数之后。习惯上,将主函数 main()放在最前面。

(5)C 语言程序中所调用的函数,既可以是由系统提供的库函数,也可以是由设计人员自己根据需要而设计的函数。例如,printf()函数是 C 语言编译系统库函数中的一个函数,它的作用是在屏幕上按指定格式输出指定的内容;max()函数是由用户自己设计的函数,它的作用是求得两个数中的较大值。

3. 函数的语法规则

(1)函数体中的数据说明语句,必须位于可执行语句之前。换句话说,数据说明语句不能与可执行语句交织在一起。例如,下面程序中,变量定义语句"int max;"的位置是非法的:

```
main()
{    int x,y;                          /* 定义两个整型变量 x 和 y */
     x=4;                              /* 将 4 赋值给变量 x */
     y=9;                              /* 将 9 赋值给变量 y */
     int max;
                                       /* 变量定义出现在可执行的赋值语句"x
                                       =3;"和"y=6;"之后,属非法定义! */
     if(x>y)max=x;
     else max=y;
                                       /* 如果 x>y 成立,则将 x 赋值给 max,否
                                       则,将 y 赋值给 max */
     printf ("max=%d\n",max);          /* 在屏幕上输出 max 的值 */
}
```

想一想 请学习者思考如何改正。

(2)如果不需要,也可以缺省数据说明语句。例如,下面的程序缺省说明语句:

```
main()
{
     printf("Happy new year!");
}
```

程序运行结果:

```
Happy new year!
```

(3)程序行的书写格式自由,即允许一行内写几条语句,也允许一条语句分写在几行

上,但所有语句都必须以分号结束。如果某条语句很长,一般需要将其分写在几行上。例如,练习 2 中的主函数 main( )可以改写成如下所示的格式:

```
main()
{    float a,b,c,ave;                       /* 定义 a,b,c,ave 为实型 * /
     a=4;b=9;c=12;                          /* 将第 2、第 3、第 4 三行合并成一行 * /
     ave=(a+b+c)/3;                         /* 计算平均值 * /
     printf("a=% f,b=% f,c=% f,ave=% f\n",
     a,b,c,ave);                            /* 一条语句可分两行书写 * /
}
```

(4)允许使用注释。一个高质量的程序,在其源程序中,都应加上必要的注释,以增强程序的易读性。C 语言的注释格式为:/ * 注释内容 * /,凡用"/ * "和" * /"括起来的文字,都是注释内容。

①"/ * "和" * /"必须成对使用,且"/"和" * "以及" * "和"/"之间不能有空格,否则就会出错。

②注释的位置,可以单占一行,也可以跟在语句的后面。

③如果一行写不下,可另起一行继续写。

④注释中允许使用汉字。在非中文操作系统下,看到的是一串乱码,但不影响程序运行。

【练习 3】比较两个数的大小

练习 3	阅读分析输出两个数中的较大值的 C 语言程序,明确程序各组成部分的功能和函数的定义方法
程序源代码	#include<stdio.h>　/* 告诉编译器包含头文件 stdio.h * / main()　/* main()称为主函数 * / {　/* 程序执行开始 * / 　int num1,num2;　/* 定义 num1、num2 为整型变量 * / 　scanf("% d % d",&num1,&num2);　/* 由键盘输入 num1、num2 的值 * / 　printf("max=% d\n",max(num1,num2)); 　/* 在屏幕上输出调用 max 的函数值 * / }　/* 程序执行结束 * / int max(int x,int y)　/* 用户设计的函数 max( ) * / 　/* x 和 y 分别取 num1 和 num2 传递的值 * / {　if(x>y)return x;　/* 如果 x>y,将 x 的值返回 * / 　else return y;　/* 如果 x>y 不成立,将 y 的值返回 * / }　/* main 函数和 max 函数可以交换位置 * /
运行的结果	
疑问与收获	

【任务实施】

任务解析

在编程中，计算圆的周长和面积是非常基础且常见的任务，学习者可以将该任务分解为三个步骤来完成。

(1)给定圆的半径值，必须为正数(半径不能为负或零)，这里需要定义一个变量来存储圆的半径。

(2)使用圆的半径和数学公式来计算周长和面积，这里需要定义两个变量来存储圆的周长和面积。

一个圆的周长可以用以下公式计算：

$$\text{周长} = 2 * \pi * \mathrm{r}$$ ①

其中，π(Pi)是一个数学常量，大约等于3.141 59，r是圆的半径。

一个圆的面积可以用以下公式计算：

$$\text{面积} = \pi * \mathrm{r} * \mathrm{r}$$

(3)输出周长和面积，这里需要使用printf()函数将计算得到的圆的周长和面积输出到标准输出设备(显示器)。

在实际编程过程中，还需要考虑一些额外的因素，比如错误处理、用户友好性提示等问题，希望初学者逐渐养成为代码添加适当的注释的良好习惯，解释每个部分的功能和实现细节；尝试编写文档，说明程序的使用方法、输入格式、输出格式和注意事项，逐步形成个人独特的编程风格等。

做一做

团队成员共同完成上面知识链接的学习，经小组分工讨论，学生通过搜集C语言编程的相关资料，按照任务要求实施程序的编写、编辑与调试工作。完成后每个人需要填写任务工单，在收获一栏中注明本次任务是否能够独立完成，不能独立完成时得到的启发和帮助有哪些，在程序的编写、编辑与调试过程中有哪些收获，现在还存在哪些困惑，同时注意个人的程序书写是否规范，观察程序运行结果是否简洁、合理，最后按照自己在任务实施过程中的表现给自己评分，满分20分。

同时以小组为单位填写任务实施与评价表格，如表1-3所示。

---

① 计算机语言中表示变量的符号用正体，所以本书中的变量符号均为正体。

表 1-3　任务实施与评价表

<table>
<tr><td>课程名称</td><td colspan="3">C 语言程序设计</td><td>班级</td><td></td></tr>
<tr><td>任务名称</td><td colspan="3"></td><td>学时</td><td></td></tr>
<tr><td>组长</td><td></td><td>小组成员</td><td colspan="3"></td></tr>
<tr><td>任务
概述</td><td colspan="5"></td></tr>
<tr><td>实施
过程</td><td colspan="5"></td></tr>
<tr><td>工作
结果</td><td colspan="5"></td></tr>
<tr><td>疑问
收获</td><td colspan="5"></td></tr>
<tr><td>小组
自评</td><td colspan="5"></td></tr>
<tr><td>教师
评价</td><td colspan="5"></td></tr>
</table>

在表 1-3 中重点记录任务实施过程中每个人在团队中所做出的贡献，个人和团队在编写和调试程序过程中所遇到的困难及解决方案，同时按照每个人在任务实施过程中的参与度，经讨论后由组长给予评分，满分 30 分；最后由教师按照小组任务完成情况对小组进行评分，满分 50 分。

【知识拓展】

让我们了解一下 C 语言发展历程吧！

一、C 语言的发展

在 C 语言诞生以前，系统软件（例如操作系统）主要是用汇编语言编写的。由于汇编语言程序依赖于计算机硬件，其可读性和可移植性都很差，而一般的高级语言又难以实现对计算机硬件的直接操作（这正是汇编语言的优势），于是人们盼望有一种兼有汇编语言和高级语言特性的新语言，C 语言就是在这种背景下应运而生的。

C 语言是贝尔实验室于 20 世纪 70 年代初期开发出来的，并随着 UNIX 操作系统的日益广泛使用，迅速得到推广。后来，C 语言又被多次改进，并出现了多种版本。20 世纪 80 年代初（1983 年），美国国家标准化协会（ANSI）根据 C 语言问世以来的各种版本对 C 语言进行了发展和扩充，制订了 ANSI C 标准（1989 年和 1999 年分别做了修订），本书以 ANSI C 标准来介绍。

二、C 语言的特点

C 语言是近年来较流行的高级程序设计语言之一，许多大型软件均是用 C 语言编写的（如 UNIX 操作系统）。C 语言同时具有汇编语言和高级语言的双重特性。具体来说，C 语言的主要优点如下：

（1）C 语言是一种模块化的程序设计语言。模块化的基本思想是将一个大的程序按功能分割成一些模块，使每一个模块都成为功能单一、结构清晰、容易理解的小程序。

（2）语言简洁，结构紧凑，使用方便、灵活。C 语言一共只有 32 个关键字，9 条控制语句，且源程序书写格式自由。

（3）运算极其丰富，数据处理能力强。C 语言一共有 34 种运算符，例如，自增（++）/自减（--）运算符、复合赋值运算符、位运算符及条件运算符等；同时，C 语言可以实现其他高级语言较难实现的功能。

（4）可移植性好。C 语言程序基本上可以不做任何修改，就能运行于各种不同型号的计算机和各种操作系统环境。

（5）可以直接调用系统功能，实现对硬件的操作，这是其他高级语言所不具备的。

当然，C 语言本身也有其弱点，比如 C 语言的语法限制不太严格，在增加程序设计的灵活性的同时，在一定程度上降低了某些安全性，这对程序设计人员提出了更高的要求。要学好任何一门计算机语言都不是一件很容易的事，学习 C 语言也不例外，但掌握了 C 语言后再学其他语言就比较容易了，所以对有志于从事电气控制编程的学习者而言，C 语言是一门要认真钻研的语言。

三、C 语言的数据类型

C 语言提供有丰富的数据类型,其数据类型及其分类关系如图 1-8 所示。C 语言中的数据有常量数据和变量数据之分,它们分别属于上述类型。学习者首先要掌握的三种基本数据类型为整型、实型(浮点型)和字符型。

- 数据类型
  - 基本类型
    - 整型
      - 短整型(short)
      - 整型(int)
      - 长整型(long)
    - 字符型(char)
    - 浮点型
      - 单精度型(float)
      - 双精度型(double)
  - 其他类型
    - 空类型(void)
    - 枚举类型(enum)
    - 数组类型
    - 指针类型(*)
    - 结构体类型(struct)
    - 共用体类型(union)

图 1-8　C 语言的数据类型

名言谚语

“不以规矩,无以成方圆。”——孟子。其意思是说如果没有规和矩,就无法制作出方形和圆形的物品,后来引申为行为举止的标准和规则,常强调做任何事都要有一定的规矩、规则、做法,否则无法成功。

【课后习题】

1. 语句“prinrf("%x,%o",16,16);”的输出结果是(　　)。

A. 10,20　　B. 10,16　　C. 16,20　　D. 16,16

2. C 语言规定,在一个源程序中 main 函数的位置(　　)。

A. 必须在最开始　　B. 必须在系统调用的库函数的后面

C. 可以任意　　D. 必须在最后

3. 在 C 语言代码中,使用注释//可以在不删除代码的情况下,临时(　　)某段代码的执行。

A. 编译　　B. 后置　　C. 执行　　D. 禁用

4. printf 函数是(　　)头文件中的函数。

A. stdlib. h　　B. stdio. h　　C. math. h　　D. string. h

5. 以下叙述正确的是(　　)。

A. 在 C 程序中,main 函数必须位于程序的最前面

B. C 程序的每一行只能写一条语句

C. C 语言本身没有输入输出语句

D. C 语言程序总是从 main( )函数开始执行

6. 在 printf 函数中,(　　)格式控制符用于输出整数。

A. %d　　B. %f　　C. %c　　D. %s

7. C 语言规定,必须用(　　)作为主函数名。

A. function　　B. include　　C. main　　D. stdio

8. 假设 float y = 3.14159;,以下哪个语句会输出 y 的值并保留两位小数?(　　)

A. printf("%f", y);　　B. printf("%.2f", y);

C. printf("%2f",y);　　D. printf("%2.1f",y);

9. 一个 C 程序的执行是从(　　)。

A. 程序的 main 函数开始,到 main 函数结束

B. 本程序文件的第一个函数开始,到本程序文件的最后一个函数结束

C. 本程序的 main 函数开始,到本程序的最后一个函数结束

D. 本程序的第一个函数开始,到本程序的 main 函数结束

10. 假设 int z = 1234;,以下哪个语句会使输出的 z 值左对齐并占用 10 个字符宽度,不足部分用空格填充?(　　)

A. printf("%-10d",z);　　B. printf("%10d",z);

C. printf("%010d",z);　　D. printf("%*d",10,z);

11. 一个 C 程序可以包含任意多个不同名的函数,但有且仅有一个(　　)。

A. 主过程　　B. 主函数　　C. 主模块　　D. 主程序

12. 在 C 语言中,多行注释内容需要用(　　)括起来。

A. //　　//　　B. <　　>　　C. {　　}　　D. /*　　*/

13. 在 C 语言中,每个语句和数据定义是用(　　)结束。

A. 句号　　B. 逗号　　C. 分号　　D. 括号

14. 如果想输出一个字符串"Hello,World!",应该使用哪个语句?(　　)

A. printf("Hello,World!");　　B. printf('%s',"Hello, World!");

C. printf(Hello, World!);　　D. printf("%d","Hello,World!");

15. 在 C 语言中,注释对程序的执行有什么影响?(　　)

A. 注释会被编译器执行。　　B. 注释会增加程序的执行时间。

C. 注释会影响程序的输出。　　D. 注释对程序的执行没有影响。

16. 在 printf 函数中,以下哪个格式控制符用于输出字符?(　　)

A. %d　　B. %f　　C. %c　　D. %p

17. 函数体的范围是由(　　)括起来。

A. (　　)　　B. [　　]　　C. {　　}　　D. <　　>

18. 多行注释在 C 语言中是如何结束的?(　　)

A. 使用另一个/*　　B. 使用//

C. 使用*/　　D. 使用换行符\n

19. 假设 int x = 123;,以下哪个语句会输出 x 的值并带有前缀 0x 以表示十六进制?(　　)

A. printf("%d", x);　　B. printf("%x", x);

C. printf("0x%d", x);　　D. printf("0x%X", x);

20. 以下叙述不正确的是(　　)。

A. 一个 C 源程序可有一个或多个函数组成

B. 一个 C 源程序必须包含一个 main 函数

C. C 程序的基本组成是函数

D. 在 C 程序中,至少要包含三个函数

任务 2　使用字符变量编程实现大小写字母的转换

【任务导入】

大小写字母的转换广泛应用于人们工作生活的众多领域，比如在编写正式的商业信函或法律文件时为了统一格式或规范文档的排版，就会使用到大小写字母的转换，以保持格式的一致性；人们常用的输入法一般都具有转换大小写字母的功能，以方便用户在输入文本时频繁切换大小写字母；在人们设置密码时，使用大小写字母的转换程序，将输入的密码的某几位自动变更大小写形式，可以增加密码的安全性，以防止输入密码时被人窥视或者被一些算法轻易破解。

【学习目标】

知识目标：

(1)能够阐述 C 语言的标识符、变量和常量的概念；

(2)能够陈述简单 C 语言程序的编写方法和编译方法；

(3)能够描述整型、实型和字符型等三种基本数据类型；

(4)能够概述在集成环境中进行程序编写、编译和调试的方法。

能力目标：

(1)能够根据任务要求和 C 语言编程技巧完成程序设计；

(2)能够在 DEVCPP 集成开发环境下调试和运行 C 语言程序；

(3)能够根据任务需要查找相关资料，以获取新信息和新知识；

(4)能够阅读、分析和撰写程序设计文档资料；

(5)能够根据程序运行效果将程序代码设计逐步优化。

思政目标：

(1)具备勤于思考、严谨治学的工作态度和勇攀科技高峰的责任担当；

(2)具有精益求精的工匠精神，逐步养成简洁、高效的程序设计风格；

(3)具有良好的沟通能力和团队协作能力；

(4)遵守程序设计人员的职业道德准则和职业规范。

【任务工单】

任务名称	使用字符变量编程实现大小写字母的转换	参考学时	4 学时
任务描述	经小组讨论,使用 C 语言编写程序,实现输入一个小写字母,将其转换为大写字母并输出		
程序设计			
运行结果			
任务收获			

让我们了解一下 C 语言中的常量、变量和常用数据类型吧！

【知识链接】

一、标识符、常量和变量

C 语言程序中的标识符是如何命名的呢？

1. 标识符

(1)标识符的概念

标识符是给程序中的变量名、数组名、自定义类型名(结构类型、共用类型和枚举类型)、自定义函数、标号和文件等所起的名字。简单地说，标识符是由系统指定或由程序设计者指定的名字，标识符的命名要遵循一定的规则。

①字符规则：标识符以字母或下划线开头，只能是由字母、数字和下划线组成的字符序列。

例如，下面的变量名都是合法的：

sum,average,student_1,name,sex,age,lotus123,_tatol

下面的变量名都是不合法的：

a+b,234,exe-1,student 2,$ab.c,a.b.c

②长度规则：标识符长度随系统而异，在 TC V2.0 中，标识符的有效长度为 1 到 32 个字符，缺省值为 32。如果超长，则超长部分被舍弃。但无论哪个系统，至少前 8 个字符有效。例如，由于 student_name 和 student_number 的前 8 个字符相同，因此有的系统认为这两个变量是相同的而不加以区别。

(2)标识符的分类

C 语言中，标识符可分为三类，即关键字标识符、预定义标识符和用户自定义标识符。

①关键字标识符

C 语言中的关键字共有 32 个，它们已有专门的含义，不能用作其他标识符。根据关键字的作用，可将其分为数据类型关键字、控制语句关键字、存储类型关键字和其他关键字四类。

数据类型关键字(12 个)：char、double、enum、float、int、long、short、signed、struct、union、unsigned、void。

控制语句关键字(12 个)：break、case、continue、default、do、else、for、goto、if、return、switch、while。

存储类型关键字(4 个)：auto、extern、register、static。

其他关键字(4 个)：const、sizeof、typedef、volatile。

②预定义标识符

预定义标识符是指 C 语言提供的库函数名和预编译处理命令等，如：scanf、printf、include、define 等。C 语言允许将这些标识符另作他用，但这些标识符将失去系统所规定的原意。为了编程方便、可靠，防止误解，建议用户避免将这些标识符另作他用。

③用户自定义标识符

用户在编程时，要给一些变量、函数、数组、文件等命名，将这类由用户根据需要自己定义的标识符称为用户自定义标识符。如下列程序段中的 i1 和 i2、max、score 均为用户自定义标识符。

```
int i1,i2;                    (i1 和 i2 为变量名)
float max(int a,int b)        (max 为函数名)
float score[20];              (score 为数组名)
```

说明：

①C 语言中的标识符区分英文字符的大小写，即同一字母的大小写被认为是两个不同的字符。所以在使用标识符时，务必注意大小写。习惯上，变量名和函数名中的英文字母用小写，以增加可读性。

②给变量命名时，应遵循"见名知意"这一基本原则。所谓"见名知意"，是指通过变量名就能知道变量值的含义。通常应选择能表示数据含义的英文单词（或其缩写）或汉语拼音字头作变量名。例如，name/xm（姓名）、sex/xb（性别）、age/nl（年龄）、salary/gz（工资）等。

2. 常量

在程序运行过程中，其值不能被改变的量称为常量，如：5、3.14、'a'、"abc123"等。根据常量的取值对象，C 语言将常量分为以下 5 种类型：

（1）整型常量。例如：16、0x36、-38 等。

（2）实型常量。例如：3.14159、-3.6 等。

（3）字符常量。例如：'A'、'5'、'#'等。

（4）符号常量。例如："#define PI 3.14159"中的 PI 等。

（5）字符串常量。例如："Abc"、"6estghj"、"45+35"等。

3. 变量

在程序运行过程中，其值可以被改变的量称为变量。如："float x,y;"中的 x 与 y。变量有两个要素，分别是变量名和变量值。在程序中，通过变量名来引用变量的值。

（1）变量名

每个变量都必须有一个名字，即变量名。变量命名应遵循标识符的命名规则。

（2）变量值

在程序运行过程中，变量值存储在内存中；不同类型的变量，占用的内存单元（字节）数不同。

（3）变量的定义与初始化

在 C 语言中，要求对所有用到的变量，必须先定义后使用。在定义变量的同时，进行赋初值的操作称为变量初始化。

变量定义与初始化的一般格式如下：

[存储类型]　数据类型　变量名 1 = 表达式 1，变量名 2，…；

例如：

```
int  length=5, width=4;     //定义矩形的长度 length 和宽度 width
int  perimeter, area;       //定义矩形的周长 perimeter 和面积 area
```

【练习 1】计算矩形的周长和面积

练习 1	阅读分析计算矩形周长和面积并输出的 C 语言程序,明确程序各组成部分的功能和变量的定义及输出形式

程序源代码	#include<stdio.h>　　/* 告诉编译器包含头文件 stdio.h */
	main()　　/* 告诉编译器 C 程序由此开始执行 */
	{　　/* 程序执行开始 */
	　int　length=5, width=4;　　//定义矩形的长度 length 和宽度 width
	　int　perimeter, area;　　//定义矩形的周长 perimeter 和面积 area
	　perimeter=2*(length+width);　　//计算矩形的周长
	　area=length*width;　　//计算矩形的面积
	　printf("Rectangular_perimeter=%d, Rectangular_area=%d\n", perimeter, area);
	　　//输出矩形的周长和面积
	　printf("完成人:XXX");
	}　　/* 程序执行结束 */

运行的结果	
疑问与收获	

二、基本数据类型

C 语言中变量的存储类型有哪些呢?

1. 存储类型

存储类型是用来定义 C 语言程序变量/函数的范围(可见性)和生命周期的。具体分为四类:auto、register、static、extern。

(1)auto(自动变量):在 C 语言中变量默认为自动变量,表示系统为自动变量分配内存,在函数体中声明则只能在当前函数体中使用,在 main()函数以及其他函数外声明即为全局变量,当退出函数体时,系统释放分配给自动变量的内存,此时变量值就会丢失,“int a;”与“auto int a;”作用相同。

(2)static(静态变量):被声明为静态类型的变量,无论是全局的还是局部的,都存储在数据区中,其生命周期为整个程序。如果是静态局部变量,其作用域为一对{}内;如果是静态全局变量,其作用域为当前文件。静态变量如果没有被初始化,则自动初始化为0。静态变量只能够初始化一次。

(3)extern(外部变量):如果一个文件调用另一个文件中的变量,则在调用文件中需要使用 extern 关键字声明变量。

(4)register(寄存器类型):声明为 register 的变量在由内存调入到 CPU 寄存器后,便常驻在 CPU 的寄存器中,因此访问 register 变量将在很大程度上提高效率,这是因为省去了变量由内存调入到寄存器过程中的好几个指令周期。

2. 整型数据

整型数据分为整型常量和整型变量。

在C语言中,整型常量有三种表示形式:

(1)十进制。例如:50,-365,153,0 等。

(2)八进制(以数字0开头)。例如:016,0165 等。

(3)十六进制(以数字0加小写字母x开头)。例如:0x336,0x2af 等。

根据占用内存字节数的不同,整型变量分为六类:

(1)短整型,类型关键字为 short [int]。

(2)基本整型,类型关键字为 int。

(3)长整型,类型关键字为 long [int]。

(4)无符号整型三类,类型关键字为 unsigned [int]或 unsigned short 或 unsigned long。unsigned [int]表示无符号基本整型;unsigned short 表示无符号短整型;unsigned long 表示无符号长整型。它们只能用来存储无符号整数。

上述各类型的整型变量占用的内存字节数随系统而异。在16位操作系统(例如 DOS)中,一般用2字节存放一个 int 型数据;在32位操作系统(例如 Windows 98)中,默认为4字节。显然,不同类型的整型变量,其值域不同。占用内存字节数为 n 的(有符号)整型变量,其值域为 $-2^{n\times8-1}\sim(2^{n\times8-1}-1)$;无符号整型变量的值域为 $0\sim(2^{n\times8}-1)$。例如,16位操作系统中的一个 int 型变量,其值域为 $-2^{2\times8-1}\sim(2^{2\times8-1}-1)$,即 -32768~32767;一个 unsigned 型变量的值域为 $0\sim(2^{2\times8}-1)$,即 0~65 535。基本数据类型及存储范围对照表如表2-1所示。

表2-1 基本数据类型及存储范围对照表

类型	符号	关键字	所占位数	数的表示范围
整型	有	(signed)int	16	-32 768~32 767
		(signed)short	16	-32 768~32 767
		(signed)long	32	-2 147 483 648~2 147 483 647
	无	unsigned int	16	0~65 535
		unsigned short	16	0~65 535
		unsigned long	32	0~4 294 967 295
实型	有	float	32	3.4e-38~3.4e38
	有	double	64	1.7e-308~1.7e308

表 2-1(续)

类型	符号	关键字	所占位数	数的表示范围
字符型	有	char	8	-128~127
	无	unsigned char	8	0~255

【练习 2】数据的交换

练习 2	阅读分析下列两个程序,明确程序中各函数的功能和变量存储类型的含义及使用方法

程序源代码

```
a.#include<stdio.h>
swap(int a,int b)
{    int c;
     c=a;a=b;b=c;
     printf("b=%d,a=%d\n",b,a);
}
main()
{    auto int a=10,b=12;
     printf("b=%d,a=%d\n",b,a);
     swap(a,b);
     printf("调用 swap 函数后\n");
     printf("b=%d,a=%d\n",b,a);
}
b.#include<stdio.h>
auto int a=10,b=12;
swap()
{    int c;
     c=a;a=b;b=c;
     printf("b=%d,a=%d\n",b,a);
}
main()
{    printf("b=%d,a=%d\n",b,a);
     swap();
     printf("调用 swap 函数后\n");
     printf("b=%d,a=%d\n",b,a);
}
```

运行的结果	
疑问与收获	

我们要如何使用三种基本数据类型呢?

3. 实型数据

实型数据分为实型常量和实型变量。

实型常量即实数,在 C 语言中又称浮点数,其值有两种表达形式:

(1)十进制形式:由数字和小数点组成,例如:3.141 59、9.8、-12.567 等。

(2)指数形式:一般格式为尾数 E(e)整型指数,例如:3.05E+5、-1.2342e-12 等。

用指数形式表示实型数据时,在 C 语言中有如下语法规定:

(1)字母 e 或 E 之前必须要有数字。

(2)字母 e 或 E 之后的指数必须为整型。

(3)在字母 e 或 E 的前后以及数字之间不得插入空格。

例如,e6、-2.432E0.5、5.234125e(3+6)、.e5、2.543 543E13 等都是不合法的指数形式。

C 语言的实型变量分为单精度型(float)和双精度型(double)两种。一个实型常量可以赋给一个实型变量(float 型或 double 型)。例如:

```
float a,b=3.13145;
double x,y=-4.6456;
```

4. 字符型数据

字符型数据分为字符常量和字符变量。

(1)字符常量

用一对单引号括起来的单个字符,称为字符常量,例如:'A'、'6'、'+' 等。C 语言还允许使用一种特殊形式的字符常量,就是以反斜杠"\"开头的转义字符,该形式将反斜杠后面的字符转变成另外的意义,因而称为转义字符。其中,最常用的莫过于"\n"(换行)。另外,"\xhh"(小写字母 x 后跟 1 或 2 位十六进制数),用于输入 ASCII 码表(附表 D-7)中的控制字符和扩展字符等(对于可打印字符,直接使用即可)。例如:

```
/* 程序功能:用转义字符输出可打印字符和不可打印字符 */
main()
{    printf("\x4F\x4B\x21\n")/* 等价于 printf("OK! \n"); */
     printf("\101\x62\n");}
```

程序运行结果如下:

```
OK!
Ab
```

想一想

如果去掉本例第一条语句中的转义字符"\n",运行结果会如何?如果去掉本例第二条语句中的转义字符"\101",运行结果又会如何?(请上机验证你的结论)

(2)字符变量

字符变量的类型关键字为 char,占 1 字节内存单元。字符变量用来存储字符常量。将一个字符常量存储到一个字符变量中,实际上是将该字符的 ASCII 码值(无符号正数)存储到内存单元中。

例如：

```
char ch1,ch2;                  /* 定义两个字符变量:ch1,ch2 */
ch1='a';ch2='b';               /* 给字符变量赋值 */
```

写字母 a、b 的 ASCII 码值分别为 97、98。

字符数据在内存中存储的是字符的 ASCII 码值，即一个无符号整数，其形式与整数的存储形式一样。所以 C 语言允许字符型数据与整型数据之间通用。一个字符型数据，既可以以字符形式输出，也可以以整数形式输出。例如：

```
/* 程序功能:用字符形式和整数形式输出字符变量 */
main()
{    char ch1,ch2;
     ch1='A';ch2='a';
     printf("ch1=%c,ch2=%c\n",ch1,ch2);
     printf("ch1=%d,ch2=%d\n",ch1,ch2);
}
```

程序运行结果：

```
ch1=A,ch2=a
ch1=65,ch2=97
```

```
/* 大小写字母的比较:小写字母-32→大写字母 */
```

允许对字符数据进行算术运算，也就是对它们的 ASCII 码值进行算术运算。例如：

```
/* 程序功能:字符数据的算术运算 */
main()
{    char ch1,ch2;
     ch1='a';ch2='b';
     printf("ch2-ch1=%c\n",ch2-ch1);
     /* 用字符形式输出一个大于 256 的数值 */
     printf("ch1+200=%d\n",ch1+200);
     printf("ch1+200=%c\n",ch1+200);
     printf("ch1+256=%d\n",ch1+256);
     printf("ch1+256=%c\n",ch1+256);
}
```

程序运行结果：

```
ch2-ch1=1
ch1+200=297
ch1+200=)
ch1+256=353
ch1+256=a
```

想一想

用字符形式输出一个大于 256 的数值，会得到什么结果？请在上机时自行设计若干实例，验证你的结论。

5. 单个字符的输入/输出函数

C 语言中提供了 putchar( ) 函数和 getchar( ) 函数，专门用来输出/输入单个字符。

每调用 putchar( ) 函数一次，系统就向显示器输出一个字符，它的调用形式如下：

```
putchar(ch);
```

其中，ch 是字符变量或是字符常量，例如：

```
putchar('Y');
```

将在显示器上输出字符 Y。

每调用 getchar( ) 函数一次，系统就从键盘接收一个字符，它的调用形式如下：

```
char ch1;
ch1=getchar( );
```

getchar( ) 函数是一个无参函数，但调用 getchar( ) 函数时，后面的括号不能省略。

getchar( ) 函数从键盘接收一个字符作为它的返回值。在输入时，空格、回车等都将作为字符读入，而且只有在用户输入回车键时，读入才开始执行。

【练习 3】变量的赋值与输出

<table>
<tr><td>练习 3</td><td>阅读分析实现三种数据类型变量赋值与输出的 C 语言程序，明确程序各组成部分的功能和各种数据类型变量的输出方法</td></tr>
<tr><td>程序源代码</td><td><pre>
#include<stdio.h>   /* 告诉编译器包含头文件 stdio.h */
main()   /* 告诉编译器 C 程序由此开始执行 */
{   /* 程序执行开始 */
    int a=-3,b=4;
    float x=7.2,y=123.456;
    char c1='A',c2='a';
    printf("a=%d=%o=%x\n",a,a,a);   /* 在屏幕上输出 a、b 的值 */
    printf("b=%d=%o=%x\n",b,b,b);
    printf("b+a=%d,b-a=%d,b*a=%d \n", b+a,b-a,b*a);
    printf("x=%e=%f\n", x, x);   /* 在屏幕上输出 x、y 的值 */
    printf("y=%e=%f\n", y, y);
                                      /* 在屏幕上输出 c1、c2 的值 */
    printf("c1=%c=%d=%o=%x\n", c1, c1, c1, c1);
    printf("c2=%c=%d=%o=%x\n", c2, c2, c2, c2);
    printf("完成人:XXX");
}   /* 程序执行结束 */
</pre></td></tr>
<tr><td>运行的结果</td><td></td></tr>
<tr><td>疑问与收获</td><td></td></tr>
</table>

【任务实施】

任务解析

在编程中,实现大小写字母的转换是非常基础且常见的任务,学习者可以将该任务分解为三个步骤来完成。

(1)输入字符:提示用户输入一个字符,这里需要使用 getchar( )或 scanf( )等函数读取用户通过标准输入设备(键盘)输入的字符。

(2)判断字符类型:检查输入的字符是否是小写字母。这里可以通过比较字符的 ASCII 值与'a'和'z'的 ASCII 值来实现。

如果字符是小写字母(ASCII 值在'a'到'z'的范围之间),则将小写字母转换为对应的大写字母,这里可以通过将小写字母的 ASCII 值减去 32(即大小写字母的 ASCII 码差值)来实现;如果字符不是小写字母(如数字、标点符号等),则字符保持不变,因为大写转换只针对小写字母。

(3)输出字符:输出处理后的字符,这里需要使用 printf( )或 putchar( )等函数将字符输出到标准输出设备(显示器)。

在实际编程过程中,还需要考虑一些额外的因素,比如错误处理、用户友好性提示等问题,希望初学者逐渐养成为代码添加适当的注释的良好习惯,解释每个部分的功能和实现细节;尝试编写文档,说明程序的使用方法、输入格式、输出格式和注意事项,逐步形成个人独特的编程风格。

做一做

团队成员共同完成上面知识链接的学习,经小组分工讨论,学生通过搜集 C 语言编程的相关资料,按照任务要求实施程序的编写、编辑与调试工作。完成后每个人需要填写任务工单,在收获一栏中注明本次任务是否能够独立完成,不能独立完成时得到的启发和帮助有哪些,在程序的编写、编辑与调试过程中有哪些收获,现在还存在哪些困惑,同时注意个人的程序书写是否规范,观察程序运行结果是否简洁、合理,最后按照自己在任务实施过程中的表现给自己评分,满分 20 分。

同时以小组为单位填写任务实施与评价表格,如表 2-2 所示。

表 2-2　任务实施与评价表

<table>
<tr><td>课程名称</td><td colspan="3">C 语言程序设计</td><td>班级</td><td></td></tr>
<tr><td>任务名称</td><td colspan="3"></td><td>学时</td><td></td></tr>
<tr><td>组长</td><td></td><td>小组成员</td><td colspan="3"></td></tr>
<tr><td>任务
概述</td><td colspan="5"></td></tr>
<tr><td>实施
过程</td><td colspan="5"></td></tr>
<tr><td>工作
结果</td><td colspan="5"></td></tr>
<tr><td>疑问
收获</td><td colspan="5"></td></tr>
<tr><td>小组
自评</td><td colspan="5"></td></tr>
<tr><td>教师
评价</td><td colspan="5"></td></tr>
</table>

在表 2-2 中重点记录任务实施过程中每个人在团队中所做出的贡献，个人和团队在编写和调试程序过程中所遇到的困难及解决方案，同时按照每个人在任务实施过程中的参与度，经讨论后由组长给予评分，满分 30 分；最后由教师按照小组任务完成情况对小组进行评分，满分 50 分。

【知识拓展】

接下来让我们了解一下字符串常量吧！

一、字符串常量

1. 字符串常量的概念和字符串长度

字符串常量是用一对双引号括起来的若干字符序列。字符串中所含字符的个数称为字符串长度。长度为 0 的字符串（即一个字符都没有的字符串）称为空串，表示为""（一对紧连的双引号）。

例如，"How do you do"、"Good morning"等，都是字符串常量，其长度分别为 13 和 12（空格也是一个字符）。

如果反斜杠和双引号作为字符串中的有效字符，则必须使用转义字符。例如，C:\msdos\v6.22 应表示为 C:\\msdos\\v6.22；I say:"Good bye!" 应表示为 I say:\"Good bye!\"。

2. 字符串的存储

C 语言规定：在存储字符串常量时，由系统在字符串的末尾自动加一个\0 作为字符串的结束标志。注意：在源程序中书写字符串常量时，不必加结束字符\0，系统会自动加上。

字符常量 A('A')与字符串常量 A("A")的区别：

(1)定界符不同：字符常量使用单引号，而字符串常量使用双引号。

(2)长度不同：字符常量的长度固定为 1，而字符串常量的长度可以是 0，也可以是某个整数。

(3)存储要求不同：字符常量存储的是字符的 ASCII 码值，而字符串常量除了要存储有效的字符外，还要存储一个结束标志\0。

二、程序设计语言

程序设计语言是指计算机能理解和执行的语言，计算机程序可以用很多种语言来编写，但从语言结构及其与计算机的关系来看，一般可分为三大类。

1. 机器语言(machine language)

这是一种用二进制代码“0”和“1”表示指令和数据的程序设计语言。计算机只能识别二进制代码，这种语言是能被计算机直接识别和执行的机器级语言。机器语言能够被计算机立即识别并加以执行，具有执行速度快、占用内存少等优点；但对于使用者来说，用机器语言编写程序具有编写难、识别难、记忆难、查错难、交流难等缺点。

2. 汇编语言(assembly language)

汇编语言是一种用助记符来表示的面向机器的程序设计语言。不同的机器所使用的汇编语言一般是不同的。这种语言弥补了机器语言的不足，用汇编语言编写程序比用机器语言方便、直观、易懂、易用、易记。但计算机的中央处理器(CPU)不能直接识别汇编语言,所以计算机不能立即执行汇编语言程序。用汇编语言编写的源程序,在由计算机执行之前,必须将它翻译成机器语言程序,汇编语言指令与机器语言指令具有一一对应的关系。

汇编语言和机器语言一样是面向机器的,它能把计算机的工作过程刻画得非常精细而又具体。这样可以编写出结构紧凑、运行时间精确的程序。所以,这种语言非常适合于实时控制的需要。但是用汇编语言编写和调试程序周期较长,程序可读性较差,因而在对实时性要求不高的情况下,最好使用高级语言。

3. 高级语言(high-level language)

高级语言是面向过程并能独立于计算机硬件结构的通用程序设计语言,是一种接近人类语言和数学表达式的计算机语言,比如:BASIC、FORTRAN、COBOL、PASCAL、C 语言等。它比汇编语言易学、易懂,具有通用性强、易于移植等优点。高级语言不能被计算机直接识别和执行,需要用编译程序或解释程序将高级语言编写的源程序翻译为机器语言。

高级语言的语句功能强,它的一条语句往往相当于许多条机器指令,因而翻译后的程序要占用较多的存储空间,而且执行时间长,不易精确掌握,故在高速实时控制中一般是不适用的。

三、程序设计的一般步骤

使用高级语言进行程序设计一般可分为以下步骤:

(1)分析工作任务,明确要达到的工作目的、技术指标等。

(2)确定解决问题的算法。算法就是将实际问题转化成程序模块来处理的方法,要对不同的算法进行分析、比较,找出最适宜的算法。

(3)画程序流程图。圆角矩形框表示程序的开始或结束,矩形框表示需要进行的工作,菱形框表示需要判断的事情,指向线表示程序的流向等。

(4)编写源程序;进行数据说明,如变量定义;使用语句完成工作任务。

(5)上机调试、修改源程序。

名言谚语

“大写字母顶天立地,小写字母踏踏实实。”其意思是大写字母在书写中占据重要的位置,它们顶天立地,代表着权威和重要信息;而小写字母则比较低调踏实,更多地承载着日常的信息和细节。尺有所短,寸有所长,不要盲目地追求完美,每个人、每个事物都有自己的优点和缺点,要善于发现自己的长处,也要勇于正视自己的短处,这样才能更好地发挥自己的优势,实现自己的人生价值;同时也要尊重他人的差异和特点,不要用自己的标准去衡量和评价他人。

【课后习题】

1. 下列字符串是合法标识符的是(　　)。

A. INT　　B. 5_student　　C. long　　D. ! DF

2. 哪个关键字在 C 语言中用于声明单精度实型? (　　)

A. Float　　B. float　　C. Real　　D. double

3. printf 函数中用到格式字符串%5s，其中数字 5 表示输出的字符串占用 5 列。如果字符串的长度大于 5，则输出方式是(　　)。

A. 从左起输出 5 个字串，右侧截断　　B. 按原字符长从左向右全部输出

C. 右对齐输出 5 个字串，左侧截断　　D. 输出错误信息

4. 在 C 语言中哪个关键字用于声明基本整型的变量？(　　)

A. INT　　B. int　　C. Integer　　D. integer

5. 在 C 语言里转义字符中的换行符是(　　)。

A. '\n'　　B. '\t'　　C. '\v'　　D. '\b'

6. 在 C 语言中，下列类型属于构造类型的是(　　)。

A. 整型　　B. 字符型　　C. 实型　　D. 数组类型

7. 下列字符串不是合法标识符的是(　　)。

A. sum　　B. average　　C. day_night　　D. M. D. JOHN

8. C 语言中能用来表示整型常数的进制有(　　)。

A. 十进制、八进制 、十六进制　　B. 二进制、十进制、八进制

C. 十六进制、十进制、二进制　　D. 二进制、八进制 、十六进制

9. 在 C 语言中，下列类型属于基本类型的是(　　)。

A. 整型、实型、字符型　　B. 结构体类型、枚举型、实型

C. 整型、结构体类型、实型　　D. 空类型、数组类型、实型

10. 在 C 语言中，退格符是(　　)。

A. '\n'　　B. '\t'　　C. '\v'　　D. '\b'

11. 在 C 语言中，下列类型属于构造类型的是(　　)。

A. 整型　　B. 指针类型　　C. 实型　　D. 结构体类型

12. 由 ASCII 码表可以看出每一个小写字母比它相应的大写字母的 ASCII 码(　　)。

A. 大 32　　B. 大 26　　C. 小 32　　D. 小 26

13. 如果 int i=3，j=-4；则 printf("%d，%d"，-i，j)的输出结果为(　　)。

A. -3，4　　B. -4，3　　C. 3，-4　　D. -3，-4

14. 在 C 语言中哪个关键字用于声明一个常量？(　　)

A. #define　　B. #const　　C. #let　　D. #final

15. 已知 ch 是字符型变量，下面不正确的赋值语句为(　　)。

A. ch='a+b'；　　B. ch='\0'；

C. ch='7'+'9'；　　D. ch=5+9；

16. 哪个关键字在 C 语言中用于声明长整数？(　　)

A. long　　B. Long　　C. long　int　　D. long integer

17. 设 d 为字符变量，下列表达式不正确的是(　　)。

A. d=97　　B. d='a'　　C. d="A"　　D. d='#'

18. 如果 int i=3，j=5，k；则 k=i+(j=i+1)执行之后 k，i 和 j 的值分别为(　　)。

A. 7，3，4　　B. 8，3，5　　C. 7，4，5　　D. 8，3，4

19. 已知在 ASCII 字符集中，数字 0 的序号为 48，下面程序段的输出结果为(　　)。

```
char x,y;   x='0'; y='9'; printf("%d,%d\n",x,y);
```

A. 因输出格式不合法,输出错误信息　　B. 48,57

C. 0,9　　D. 48,9

20. 下面哪个选项对于标识符的描述是正确的(　　)。

A. 标识符只能包含字母和数字　　B. 标识符可以以数字开头

C. 标识符可以是任何字符　　D. 标识符是区分大小写的

任务3　使用算术运算编程求解三位数的各位数码之和

【任务导入】

观察数据的各位数码的构成或将其求和常应用于与数学相关的领域，比如这种问题可以被用来训练学生的基础数学技巧，同时也能帮助学生理解数字的结构和属性；在计算机科学中，这样的观测和计算可以用于判断一个数是否为回文数（正读和反读都相同的数）；在密码学中观察和计算可以用于生成或破解某些类型的密码，如果已知一个密码的各位数码之和，那么通过这个"和"可以破译找到密码；在网络信息的传输过程中，计算数据的各位数码之和作为传输双方的校验手段，用于帮助人们判断数据在传输过程中是否发生了错误，可以快速地检测到异常值或者错误值，从而进行修正。

【学习目标】

知识目标：

（1）能够说出C语言中的算术运算符及其表达式；

（2）能够陈述简单C语言程序的结构化设计方法和编译方法；

（3）能够说出C语言中的赋值运算符及其表达式；

（4）能够概述在集成环境中进行程序编写、编译和调试的方法；

（5）能够说出C语言中的自增、自减运算符及其表达式；

（6）能够说出C语言中的逗号运算符及其表达式。

能力目标：

（1）能够根据任务要求和C语言编程技巧完成程序设计；

（2）能够在DEVCPP集成开发环境下调试和运行C语言程序；

（3）能够根据任务需要查找相关资料，以获取新信息和新知识；

（4）能够阅读、分析和撰写程序设计文档资料；

（5）能够根据程序运行效果将程序代码设计逐步优化。

思政目标：

（1）具备良好的逻辑思维能力，能不断优化程序算法，勇于创新；

（2）具有精益求精的工匠精神，逐步养成简洁、高效的程序设计风格；

（3）具有良好的沟通能力和团队协作能力；

（4）遵守程序设计人员的职业道德准则和职业规范。

【任务工单】

任务名称	使用算术运算编程求解三位数的各位数码之和	参考学时	4学时
任务描述	经小组讨论,使用C语言编写程序,输入一个三位十进制整数,计算其百位数、十位数和个位数相加之和并输出		
程序设计			
运行结果			
任务收获			

让我们了解一下 C 语言中的算术运算和赋值运算，自增、自减运算和逗号运算，格式化输入函数及 C 语言语句吧！

【知识链接】

一、算术运算和赋值运算

让我们来了解一下 C 语言是如何进行算术运算的吧？

C 语言运算符的范围很广，除控制语句和输入/输出函数外，其他所有的基本操作都作为运算符处理。用运算符和括号将运算对象（常量、变量和函数等）连接起来的、符合 C 语言语法规则的式子，称为表达式。单个常量、变量或函数可以看作表达式的一种特例。由单个常量、变量或函数构成的表达式称为简单表达式，其他表达式称为复杂表达式。

1. 算术运算

（1）算术运算符

基本算术运算符有如下 5 种：+（加法）、-（减法）、*（乘法）、/（除法）、%（求余数）。

①关于除法运算“/”

C 语言规定：两个整数相除，其商为整数，小数部分被舍弃。例如，10/3=3。如果相除的两个数中至少有一个是实型的，则结果为实型。例如，10.0/3=3.333 333。

如果商为负值，则取整的方向因系统而异。但大多数系统采取“向零取整”原则，即取整后向零靠拢，换句话说，取其整数部分。例如，-5/3=-1。

②关于求余数运算“%”

求余数运算要求两侧的操作数均为整型数据，否则出错。例如，5%2=1。

（2）运算符的优先级和结合性

C 语言规定了运算符的优先级和结合性。所谓结合性，是指当一个操作数两侧的运算符具有相同的优先级时，该操作数是先与左边的运算符结合，还是先与右边的运算符结合。自左至右的结合方向，称为左结合性，反之称为右结合性。结合性是 C 语言的独有概念。附录 E 列出了所有运算符的优先级和结合性。在其中，除单目运算符、条件运算符和赋值运算符是右结合性的外，其他运算符都是左结合性的。

（3）算术表达式

所谓算术表达式，是指表达式中的运算符都是算术运算符。例如，3+6*9、(x+y)/2-1 等，都是算术表达式。

表达式求值的规则如下：

①按运算符的优先级高低次序执行。例如，先乘除后加减。

②如果在一个运算对象（或称操作数）两侧的运算符的优先级相同，则按 C 语言规定的结合方向（结合性）进行。

例如，算术运算符的结合方向是“自左至右”，则在执行“a-b+c”时，变量 b 先与减号结合，执行“a-b”，然后再执行加 c 的运算。

（4）数据类型转换

在 C 语言中，整型、实型和字符型数据间可以混合运算（因为字符型数据与整型数据可以通用)。如果一个运算符两侧的操作数的数据类型不同,则系统按"先转换,后运算"的原则,首先将数据自动转换成同一类型,然后在同一类型数据间进行运算。

数据类型转换规则如图 3-1 所示。

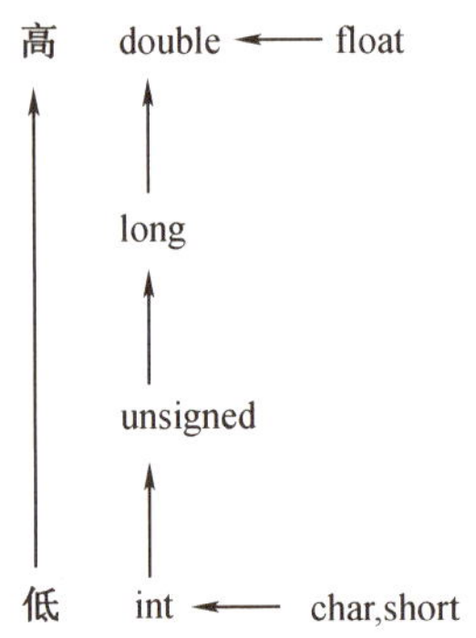

图 3-1 C 语言数据类型转换规则

说明:

①横向向左的箭头,表示必需的转换。

例如:char 和 short 型必须转换成 int 型,float 型必须转换成 double 型。

②纵向向上的箭头,表示不同类型的转换方向。

例如:int 型与 double 型数据进行混合运算,则先将 int 型数据转换成 double 型,然后在两个同类型的数据间进行运算,结果为 double 型。

注意:箭头方向只表示数据类型由低到高转换,不要理解为 int 型先转换成 unsigned 型,再转换成 long 型,最后转换成 double 型。

除自动转换外,C 语言也允许强制转换。数据类型强制转换的一般格式为:

(要转换成的数据类型)(被转换的表达式)

其中,当被转换的表达式是一个简单表达式时,外面的一对圆括号可以省略。

例如:

```
(double)a         /* 将变量 a 的值转换成 double 型,等价于(double)(a) */
(int)(x+y)        /* 将 x+y 的结果转换成 int 型 */
(float)5/2        /* 将 5 转换成实型,再除以 2(=2.5),等价于(float)(5)/2 */
(float)(5/2)      /* 将 5 整除 2 的结果转换成实型(2.0) */
```

2. 赋值运算

(1)赋值运算符

赋值符号"="就是赋值运算符,它的作用是将一个表达式的值赋给一个变量。

赋值运算符的一般形式为:

变量=赋值表达式

注意:被赋值的变量必须是单个变量,且必须在赋值运算符的左边。

例如:

```
x=5                 /* 将 5 赋值给变量 x */
y=(float)5/2        /* 将表达式的值(=2.5)赋值给变量 y */
```

当表达式值的类型与被赋值变量的类型不一致,但都是数值型或字符型时,系统会自动地将表达式的值转换成被赋值变量的数据类型,然后再赋值给变量。

想一想

假设变量 num 的数据类型为 float,其值为 52.5,则执行"num=(int)num"后,num 的值等于多少?

(2)复合赋值运算符

复合赋值运算是 C 语言特有的一种运算。复合赋值运算符是在赋值运算符之前再加一个双目运算符构成的。

复合赋值运算的一般格式为:

变量　双目运算符=表达式

它等价于

变量=(变量 双目运算符 表达式)

当表达式为简单表达式时,表达式外的一对圆括号才可以省略,否则可能出错。

例如:

```
x+=5          /* 等价于 x=x+5  */
y*=x+3        /* 等价于 y=y*(x+3),而不是 y=y*x+3  */
```

C 语言规定的 10 种复合赋值运算符如下:

```
+=,-=,*=,/=,%=           /* 复合算术运算符(5 个) */
~=,^=,|=,<<=,>>=         /* 复合位运算符(5 个) */
```

(3)赋值表达式

由赋值运算符或复合赋值运算符将一个变量和一个表达式连接起来形成的表达式,称为赋值表达式。

赋值表达式的一般格式为:

变量=表达式

或

变量(复合赋值运算符)表达式

例如:x=8 与 y+=x*2。

任何一个表达式都有一个值,赋值表达式也不例外。被赋值标量的值,就是赋值表达式的值。

例如,对于"a=5"这个赋值表达式,变量 a 的值"5"就是它的值。

注意:将赋值运算作为表达式,且允许出现在其他语句(如循环语句)中,这是 C 语言灵活性的一种表现。

【练习 1】数据的算术运算

<table>
<tr><td>练习 1</td><td>阅读分析输出三种数据类型数据算术运算值的 C 语言程序，明确程序各组成部分的功能和算术运算的规则</td></tr>
<tr><td>程序源代码</td><td><pre>
#include<stdio.h>   /* 告诉编译器包含头文件 stdio.h */
main()   /* main()称为主函数 */
{   /* 程序执行开始 */
    int a=0x10,b;   /* a、b 为基本整型 */
    a %=5;   /* 运算赋值 */
    float x=7.0/2, y=21.23;   /* x、y 为单精度实型并赋值 */
    char c1='a',c2='A';
    b=y;
    printf("a=%d\n", a+=9);
    printf("b=%d=%o=%x\n",b,b,b);   /* 按格式符 d、o、x 输出整数 */
    printf("c1-c2=%d=%o=%x\n",c1-c2,c1-c2,c1-c2);
    printf("x=%e=%f\n", x, x);   /* 按格式符 f、e 输出实数 */
    printf("y=%f 的整数部分是%d\n",y,(int)y);
    printf("制作人:XXX\n");
}   /* 程序执行结束 */
</pre></td></tr>
<tr><td>运行的结果</td><td></td></tr>
<tr><td>疑问与收获</td><td></td></tr>
</table>

二、自增、自减运算和逗号运算

让我们来了解一下 C 语言中的自增、自减运算的规则吧?

1. 自增(++)、自减(--)运算

自增运算使单个变量的值增 1，自减运算使单个变量的值减 1。自增运算符是++，x++就等价于 x=x+1。自减运算符是--，--x 就等价于 x=x-1。自增、自减运算符都有两种用法：

(1)前置运算——运算符放在变量之前：++变量、--变量，如：++i;--j;。它先使变量的值增(或减)1，然后再以变化后的值参与其他运算，即先增减，后运算。

(2)后置运算——运算符放在变量之后：变量++、变量--，如：i++;j--;。它使变量先参与其他运算,然后再使变量的值增(或减)1,即先运算,后增减。

例如:

```
int  x, y, z;
x=y=z=8 ;右结合
(1) y=++x                    结果:x=9, y=8
(2) z+=x++*2                 结果:z=24,x=9
(3) y-=0.6*--x               结果:x=7,y=3
(4) y-=(int)(0.6*x--)        结果:y=4,x=7
```

又例如:

```
/*程序功能:自增、自减运算符的用法与运算规则示例*/
main()
{   int  x=6,y;
    printf("x=%d\n",x);              /*输出 x 的初值*/
    y=++x;                           /*前置运算:x 先增 1(=7),然后再赋值给 y(=7)*/
    printf("y=++x:x=%d,y=%d\n",x,y);
    y=x--;                           /*后置运算:先将 x 的值(=7)赋值给 y(=7),然后 x 再
                                     减 1(=6)*/
    printf("y=x--:x=%d,y=%d\n",x,y);
}
```

程序运行结果如下:

```
x=6
y=++x:x=7,y=7
y=x--:x=6,y=7
```

想一想

如果将上例中的前置运算语句“y=++x;”改为后置运算语句“y=x++;”,“y=x--句中的后置运算改为前置运算“y=--x;”,程序运行结果会如何?

说明:

(1)自增、自减运算常用于循环语句以及指针变量中。它使循环控制变量加(或减)1,或使指针指向下(或上)一个地址。

(2)自增、自减运算符不能用于常量和表达式。例如,5++、--(a+b)等都是非法的。

(3)在表达式中,同一变量连续进行自增、自减运算时,很容易出错,所以最好避免这种用法。

例如,表达式(x++)+(x++)+(x++)的值等于多少(假设 x=3)? 有人认为相当于 3+4+5=12。事实上,在 TC 和 MSC 系统下,该表达式值为 9:先把变量的初值(=3)取出来,作为表达式中变量 x 的值,执行两次加法得 9;然后,再执行变量 x 的自增运算 3 次,所以变量 x 的值为 6。显然,想象的与实际的结果大相径庭,所以类似这种用法,最好不要使用。

2. 逗号运算

C 语言提供一种用逗号运算符“,”连接起来的式子,称为逗号表达式。逗号运算符又称顺序求值运算符。它的一般形式如下:

表达式 1,表达式 2,…,表达式 n

其求解过程是自左至右,依次计算各表达式的值,“表达式 n”的值即为整个逗号表达式的值。

例如,求解逗号表达式“a=3 * 5,a * 4”的值:先求解 a=3 * 5,得 a=15;再求解 a * 4=60。所以逗号表达式的值为 60。

又例如,求解逗号表达式“a=3 * 5,a * 4,a+5”的值:先求解 a=3 * 5,得 a=15;再求解 a * 4=60;最后求解 a+5=20。所以逗号表达式的值为 20。

注意:并不是任何地方出现的逗号都是逗号运算符,很多情况下逗号仅用作分隔符。

【练习 2】数据的自增、自减运算

练习 2	阅读分析输出整型数据自增、自减运算和复合赋值运算结果的 C 语言程序,明确程序各组成部分的功能和自增、自减运算及复合赋值运算的规则

程序源代码	`#include<stdio.h>          /* 告诉编译器包含头文件 stdio.h */`
	`main()          /* main()称为主函数 */`
	`{          /* 程序执行开始 */`
	`int a=12,x=8,y=8,z=8;          /* a、x、y、z 为基本整型 */`
	`printf("a=%d\n", a+=a-=a*a);`
	`printf("z=%d\n", z+=x++*2);`
	`printf("y=%d\n", y-=(int)(0.6*2));`
	`printf("制作人:XXX\n");`
	`}          /* 程序执行结束 */`

运行的结果	
疑问与收获	

三、格式化输入函数

让我们来了解一下 C 语言是如何进行数据输入的吧!

scanf( )函数的功能是从计算机默认的输入设备(一般指键盘)向计算机主机输入数据。调用 scanf( )函数的一般格式为:

```
scanf("格式字符串", 输入项地址表);
```

例如:

```
scanf("%d%f", &i, &f);
```

1. 格式字符串

格式字符串可以包含三种类型的字符：格式指示符、空白字符（空格、跳格键、回车键）和非空白字符（又称普通字符）。格式指示符用来指定数据的输入格式；空白字符作为相邻两个输入数据的缺省分隔符；非空白字符在输入有效数据时，必须按照原样一起输入。

2. 输入项地址表

输入项地址表由若干个输入项地址组成，相邻两个输入项地址之间用逗号分开。输入项地址表中的地址，可以是变量的地址，也可以是字符数组名或指针变量（后续介绍）。

变量地址的表示方法为“& 变量名”，其中“&”是地址运算符。

3. 格式指示符

格式指示符的一般形式为：

%【修饰符】格式字符

（1）宽度修饰

宽度修饰用来指定输入数据所占列数，例如：

```
scanf("% 3c% 3c",&ch1,&ch2);
```

假设输入“abcdefg”，则系统将读取的“abc”中的“a”赋给变量 ch1；将读取的“def”中的“d”赋给变量 ch2。

（2）抑制修饰符

抑制修饰符“ * ”表示对应的数据读入后，不赋给相应的变量，该变量由下一个格式指示符输入。例如：

```
scanf("% 2d% *2d% 3d",&num1,&num2);
```

假设输入“123456789”，则系统将读取“12”并赋值给 num1；读取“34”，但舍弃掉（“ * ”的作用）；读取“567”并赋值给 num2。

（3）长度修饰符

在输入长整型数据和双精度实型数据时，必须使用长度修饰符“l”，否则，不能得到正确的输入值。例如：

```
long x; double y;
scanf("% ld % lf", &x, &y);
```

4. 注意事项

调用 scanf( ) 函数输入数据时，要注意以下几点：

（1）如果相邻两个格式指示符之间不指定数据分隔符（如逗号、冒号等），则相应的两个输入数据之间至少用一个空格分开，或者用 Tab 键分开，或者输入一个数据后按回车，然后再输入下一个数据。例如：

```
scanf("% d% d",&num1,&num2);
```

假设给 num1 输入 10，给 num2 输入 20，则正确的输入操作为：

```
10□20↙
```

或者：

```
10↙
20↙
```

（2）格式字符串中出现的普通字符（包括转义字符形式的字符），务必原样输入。例如：

```
scanf("num1 = % d,num2 = % d",&num1,&num2);
```

假设给 num1 输入 10,给 num2 输入 20,正确的输入操作为:

```
num1=10,num2=20↙
```

另外,在 scanf()函数中,对于格式字符串内的转义字符(如:\n),系统并不把它当转义字符来解释,从而产生一个控制操作,而是将其视为普通字符,所以也要原样输入。例如:

```
scanf("num1=%d,num2=%d\n",&num1,&num2);
```

假设给 num1 输入 10,给 num2 输入 20,正确的输入操作为:

```
num1=10,num2=20\n↙
```

为改善人机交互性,同时简化输入操作,在设计输入操作时,一般先用 printf()函数输出一个提示信息,再用 scanf()函数进行数据输入。例如:

```
printf("num1="); scanf("%d",&num1);
printf("num2="); scanf("%d",&num2);
```

(3)输入数据时,遇到以下情况系统认为该数据输入结束。

①遇到空格,或者回车键,或者 Tab 键。

②遇到输入域宽度结束。例如"%3d",只取三列。

③遇到非法输入。例如:在输入数值数据时,遇到字母等非数值符号(数值符号仅由数字字符 0~9、小数点和正负号构成)。

(4)使用格式说明符"%c"输入单个字符时,空格和回车等均作为有效字符被输入。例如:

```
scanf("%c%c%c",&ch1,&ch2,&ch3);
printf("ch1=%c,ch2=%c,ch3=%c\n",ch1,ch2,ch3);
```

假设输入"A□B↙",则系统将字母"A"赋值给 ch1,空格赋值给 ch2,"B"赋值给 ch3。

四、C 语言语句

C 语言程序是由函数构成的,而函数又是由函数说明和函数体两部分组成的,其中,函数体是函数的核心。与其他高级语言一样,C 语言也是利用函数体中的可执行语句,向计算机系统发出操作命令的。

按照语句功能或构成的不同,可将 C 语言语句分为如下五类。

1. 控制语句

控制语句具有一定的控制功能。C 语言只有九条控制语句,又可细分为三种:

(1)选择结构控制语句:if()… else…,switch()…。

(2)循环结构控制语句:do…while(),for()…,while()…,break,continue。

(3)其他控制语句:goto,return。

2. 函数调用语句

函数调用语句由一次函数调用加一个分号(语句结束标志)构成。例如:

```
printf("This is a C Program.");
```

3. 表达式语句

表达式语句由表达式后加一个分号构成。

表达式能构成语句是 C 语言的一大特色。最典型的表达式语句是在赋值表达式后加一个分号构成的赋值语句。例如,"num=5"是一个赋值表达式,而"num=5;"却是一个赋值语句。

4. 空语句

空语句仅由一个分号构成。显然,空语句什么操作也不执行。

5. 复合语句

复合语句由大括号括起来的一组(也可以是一条)语句构成。例如:

```
main()
{inti=1,s=0;
if(i<10)
    {                                    //复合语句
    s=i-1;
    printf("% d",s);
    }                                    /* 注意:右括号后不需要分号 */
}
```

说明:

①在语法上,复合语句和简单语句相同,即简单语句可以出现的地方,都可以使用复合语句。

②复合语句可以嵌套,即复合语句中也可包含一个或多个复合语句。

【练习 3】字符的输入与输出

<table>
<tr><td>练习 3</td><td>阅读分析下面两个关于字符输入与输出的 C 语言程序,明确程序各组成部分的功能和常用输入输出函数的使用方法</td></tr>
<tr><td>程序源代码</td><td><pre>a.#include<stdio.h>   /* 告诉编译器包含头文件 stdio.h */
main()   /* main()称为主函数 */
{   /* 程序执行开始 */
    char ch;
    scanf("% c", &ch);
    printf("% c\n", ch);
}   /* 程序执行结束 */
b.#include<stdio.h>   /* 告诉编译器包含头文件 stdio.h */
main()   /* main()称为主函数 */
{   /* 程序执行开始 */
    char ch;
    ch=getchar( );
    putchar(ch);
    putchar('\n');
}   /* 程序执行结束 */</pre></td></tr>
<tr><td>运行的结果</td><td></td></tr>
<tr><td>疑问与收获</td><td></td></tr>
</table>

【任务实施】

任务解析

在编程中,求解数据的各位数码之和是非常基础且常见的任务,学习者可以将该任务分解为四个步骤来完成。

(1)输入三位数:提示用户输入一个三位数,并使用 scanf( )函数读取用户通过标准输入设备(键盘)输入的数据。

(2)判断输入的数据是否合法:检查用户输入的是否是一个三位数,这里可以通过比较输入数的值是否在 100 到 999 之间来实现。

如果用户输入的是一个三位数,则执行第三步;如果用户输入的不是一个三位数,则输出错误提示信息,并要求用户重新输入。

(3)计算各位数码之和:对于输入的三位数,需要分离出这个数的百位、十位和个位的数字,并将它们相加得到各位数码之和,这里可以通过对三位数进行整除和取余操作来实现。

例如,可以通过将这个三位数除以 100 来获取百位数;然后用这个三位数求余 100 的结果除以 10 来获取十位数;最后用这个三位数求余 10 来获取个位数。

(4)输出结果:输出计算得到的各位数码之和,这里需要使用 printf( )函数将结果输出到标准输出设备(显示器)。

在实际编程过程中,还需要考虑一些额外的因素,比如错误处理、用户友好性提示等问题,希望初学者逐渐养成为代码添加适当的注释的良好习惯,解释每个部分的功能和实现细节;尝试编写文档,说明程序的使用方法、输入格式、输出格式和注意事项,逐步形成个人独特的编程风格。

做一做

团队成员共同完成上面知识链接的学习,经小组分工讨论,学生通过搜集 C 语言编程的相关资料,按照任务要求实施程序的编写、编辑与调试工作。完成后每个人需要填写任务工单,在收获一栏中注明本次任务是否能够独立完成,不能独立完成时得到的启发和帮助有哪些,在程序的编写、编辑与调试过程中有哪些收获,现在还存在哪些困惑,同时注意个人的程序书写是否规范,观察程序运行结果是否简洁、合理,最后按照自己在任务实施过程中的表现给自己评分,满分 20 分。

同时以小组为单位填写任务实施与评价表格,如表 3-1 所示。

表 3-1　任务实施与评价表

<table>
<tr><td>课程名称</td><td colspan="3">C 语言程序设计</td><td>班级</td><td></td></tr>
<tr><td>任务名称</td><td colspan="3"></td><td>学时</td><td></td></tr>
<tr><td>组长</td><td></td><td>小组成员</td><td colspan="3"></td></tr>
<tr><td>任务
概述</td><td colspan="5"></td></tr>
<tr><td>实施
过程</td><td colspan="5"></td></tr>
<tr><td>工作
结果</td><td colspan="5"></td></tr>
<tr><td>疑问
收获</td><td colspan="5"></td></tr>
<tr><td>小组
自评</td><td colspan="5"></td></tr>
<tr><td>教师
评价</td><td colspan="5"></td></tr>
</table>

在表3-1中重点记录任务实施过程中每个人在团队中所做出的贡献，个人和团队在编写和调试程序过程中所遇到的困难及解决方案，同时按照每个人在任务实施过程中的参与度，经讨论后由组长给予评分，满分30分；最后由教师按照小组任务完成情况对小组进行评分，满分50分。

【知识拓展】

接下来让我们了解一下程序的算法概念吧！

一、程序的算法

1. 算法的概念

简单地说，程序的功能就是进行数据加工。程序通常包括两方面的内容：对数据的描述和对加工的描述。对数据的描述称为“数据结构”，对加工的描述称为“算法”。广义地说，为解决某一个问题而采取的方法和步骤，就称为“算法”。在计算机科学中，算法是指描述用计算机解决给定问题的过程。例如，计算 $1+2+3+\cdots+100$ 的算法可表示为

步骤1：0=> s；

步骤2：1=> i；

步骤3：s+i=> s；

步骤4：i+1=> i；

步骤5：如果 $i \leq 1\ 000$，转到步骤3，否则结束。

在上面的算法中，符号 s、i 表示变量，符号“=>”表示给变量赋值。步骤1和步骤2表示给变量 s 和 i 赋初始值为0和1；步骤3将变量 i 的当前值累加到变量 s 中；步骤4使变量 i 在原值的基础上增加1；步骤5判断 i 的值如果小于等于1 000，重复做步骤3和步骤4，构成一个循环，而当 i 的值不小于等于1 000时，循环结束，这时变量 s 的值就是要求的计算结果。

2. 算法的基本特征

通常，一个算法必须具备以下五个基本特征：

(1) 有穷性。一个算法必须在它所涉及的每一种情形下，都能在执行有限次的操作之后结束。

(2) 确定性。算法的每一步，其顺序和内容都必须严格定义，而不能有任何的歧义。

(3) 有零个或多个输入。输入是算法实施前需要从外界取得的信息，有些算法需要有多个输入，而有些算法不需要输入，即零个输入。

(4) 有一个或多个输出。输出就是算法实施后得到的结果，显然，没有输出的算法是没有意义的。

(5) 可行性。算法的每一步都必须是可行的，也就是说，是能够由计算机执行的。

3. 算法的描述

(1) 用自然语言描述

自然语言就是人们日常使用的语言，用自然语言表示算法，通俗易懂。但是，自然语言

表示的含义往往不太严谨,要根据上下文才能判断它的正确含义。另外,用自然语言描述分支和循环不太方便。因此,除对简单的问题使用以外,一般不用自然语言描述算法。

(2)用流程图描述

用流程图描述算法,更加形象直观,简单方便。

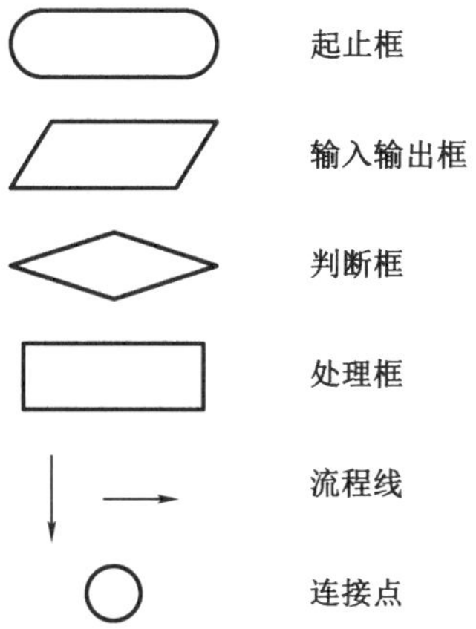

(3)用 N-S 流程图描述

传统的流程图用流程线和流程元素表示各个处理的执行顺序,但对流程线的使用没有严格的规定,因此,使用者可以不受限制地使流程转来转去,这样的流程图难以使人理解算法的逻辑。为了解决这个问题,规定了算法的三种基本结构:顺序结构、分支结构和循环结构。用这些基本结构按一定的规律组成一个算法,这样的算法称为结构化算法。按照结构化算法编写的程序称为结构化程序。为了设计结构化算法,1973 年,美国学者 I. Nassi 和 B. Shneiderman 提出了一种新的流程图,称为 N-S 流程图。

顺序结构:

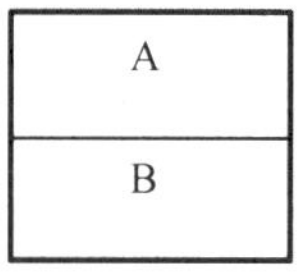

选择结构:

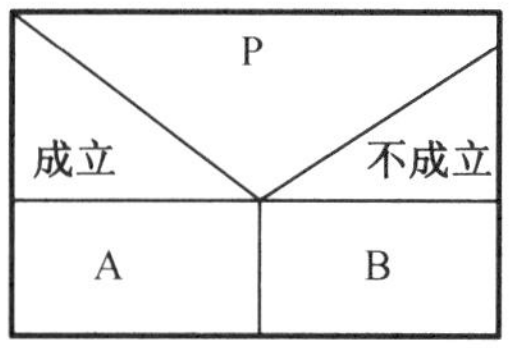

循环结构：

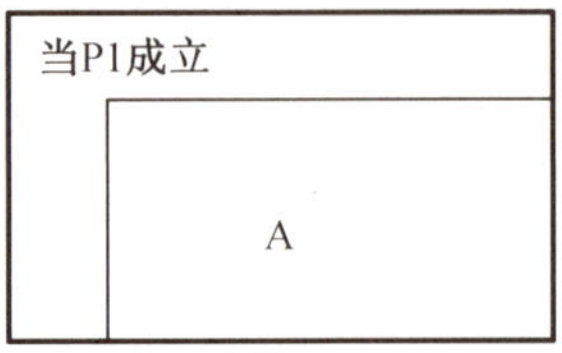

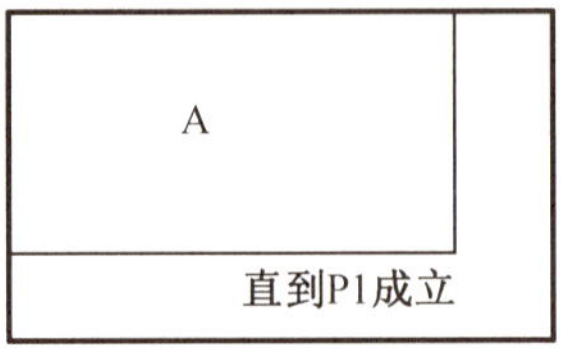

二、结构化程序设计方法

结构化程序设计强调程序设计风格和程序结构的规范化，提倡清晰的结构。结构化程序设计的基本思路是，把一个复杂问题的解决过程分阶段进行，每一个阶段处理的问题都控制在人们容易理解和处理的范围内。具体一点来说，就是在分析问题时采用"自顶向下，逐步细化"的方法；设计解决方案时采用"模块化设计"的方法；编写程序时采用"结构化编码"的方法。

"自顶向下，逐步细化"是对问题的解决过程逐步具体化的一种思想方法。例如，要在一组数中找出其中的最大数，首先，可以把问题的解决过程描述为：

(1)输入一组数。

(2)找出其中的最大数。

(3)输出最大数。

以上三条中，第(1)(3)两步比较简单，对第(2)步可以进一步细化：

(1)任取一数，假设它就是最大数。

(2)将该数与其余各数逐一比较。

(3)若发现有任何数大于假设的最大数，则取而代之。

再对以上过程进一步具体化，得到如下算法：

(1)输入一组数。

(2)找出其中的最大数。

①令 max=第一个数。

②将第二个数到最后一个数依次取出赋值给 x。

③比较 x 与 max 的大小，如果 x>max，则令 max=x。

(3)输出 max。

"模块化设计"就是将比较复杂的任务，分解成若干个子任务，每个子任务又分解成若干个小子任务，每个小子任务只完成一项简单的功能。在程序设计时，用一个个小模块来实现这些功能,每个小模块对应一个相对独立的子程序。

对程序设计人员来说,编写程序也就变得不再困难。同时,同一软件也可以由一组人员同时编写,分别进行调试。这就大大提高了程序开发的效益。

“结构化编码”指的是使用支持结构化方法的高级语言编写程序。C 语言就是一种支持结构化程序设计的高级语言,它直接提供了三种基本结构的语句;提供了定义“函数”的功能,函数相当于独立的子程序。另外,还提供了丰富的数据类型。这些都为结构化设计提供了有力的工具。

三、程序设计的基本结构

程序设计的基本结构一般来说具有三种形式,即顺序程序、分支程序和循环程序。

1. 顺序程序

顺序程序是一种最简单、最基本的程序结构,又称为简单程序或直接程序。程序按顺序一条一条地执行指令,程序流向不变。顺序程序流程图如图 3-2 所示。

2. 分支程序

分支程序是根据条件进行判断决定程序的执行,满足条件则进行程序转移,不满足条件则顺序执行程序。判断是通过选择结构控制语句实现的。分支程序流程图如图 3-3 所示。

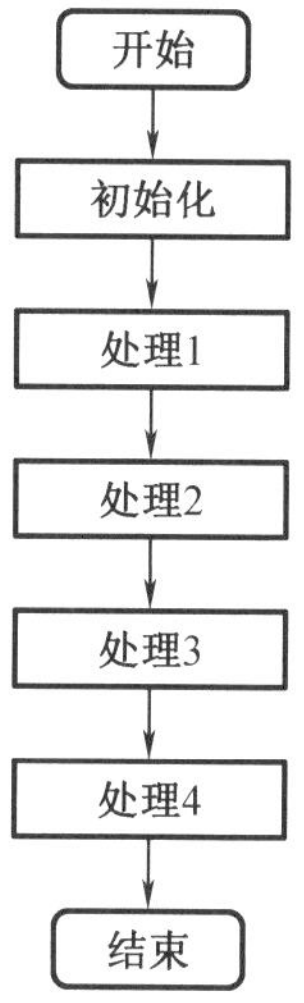

图 3-2 顺序程序流程图

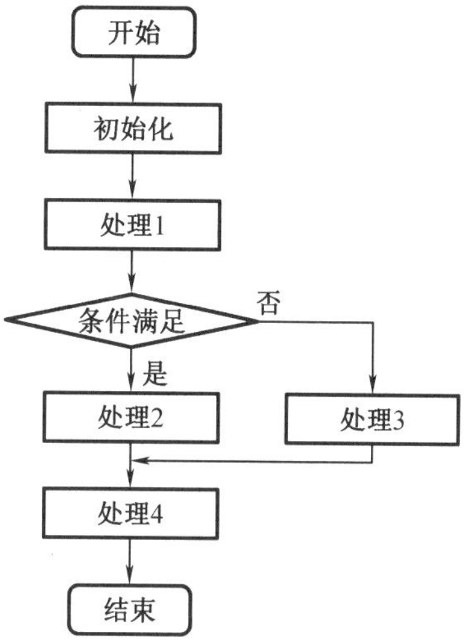

图 3-3 分支程序流程图

分支程序又分为单分支结构、双分支结构和多分支结构。

3. 循环程序

循环程序是把需要多次重复执行的某段程序,利用条件转移指令反复转向执行,可减小整个程序的长度,优化程序结构。循环程序流程图如图 3-4 所示。

循环程序一般由循环初始化、循环处理、循环控制和循环结束四部分组成。

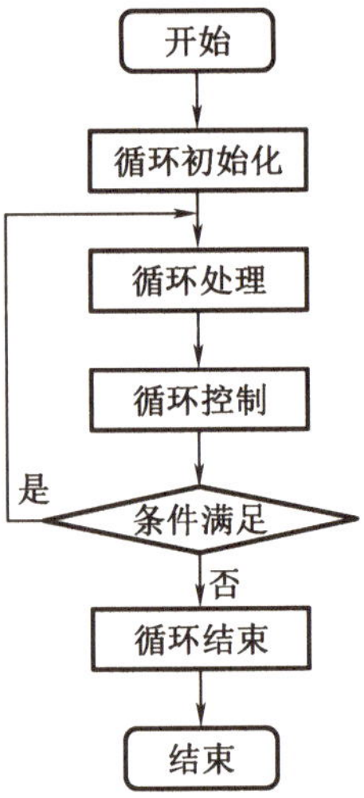

图 3-4　循环程序流程图

名言谚语

"行百里者半九十。"——名言，最早见于西汉·刘向《战国策·秦策五》。其原义是说步行一百里路，走过九十里，只能算是走了一半。因为步行越接近目的地，走起来越困难。借指凡事到了接近成功之时，往往是最吃力、最艰难的时段。劝人做事贵在坚持，有始容易，有终实难。

【课后习题】

1. 如果 int i=3，则 printf("%d",-i++)的输出结果和 i 的值分别为(　　)。

A. -3,4　　B. -4,4　　C. -4,3　　D. -3,3

2. 假定有以下变量定义：int k=7,x=12;，则下面表达式的值为 3 的是(　　)。

A. x%=(k%=5)　　B. x-k%5

C. x%=k-k%5　　D. (x%=k)-(k%=5)

3. 表达式 x = 10; y = x--;执行后，y 和 x 的值分别是(　　)。

A. y = 10, x = 10　　B. y = 10, x = 9

C. y = 9, x = 9　　D. y = 9, x = 10

4. 阅读以下程序，当输入数据的形式为：25,13,10<回车>，正确的输出结果为(　　)。

```
#include <stdio.h>
main()
{ int x,y,z;
scanf("% d% d% d",&x,&y,&z);
printf("x+y+z=% d\n",x+y+z); }
```

A. x+y+z=48　　B. x+y+z=35　　C. x+y+z=38　　D. 不确定值

5. 表达式 x = 5; y = ++x * 2;执行后，y 的值是(　　)。

A. 10　　B. 12　　C. 20　　D. 25

6. 已知 ch 是字符型变量,下面正确的赋值语句为(　　)。

A. ch='123';　　B. ch='\\';　　C. ch='\FF';　　D. ch="\\";

7. 以下程序段的执行结果为(　　)。

```
int a=1,b=1;
a+=b+=1;
printf("% d,% d",a,B.;
```

A. 3,2　　B. 2,2　　C. 1,2　　D. 3,1

8. 语句 int i=3; k=(i++)+(i++)+(i++); 执行过后 k、i 的值为(　　)。

A. 9,6　　B. 12,5　　C. 18,6　　D. 15,5

9. 以下程序段的输出为(　　)。

```
int x=12,y=3;
printf("% d",(x% y,x/y));
```

A. 1　　B. 2　　C. 3　　D. 4

10. 若 x1 和 y1 都是 int 型变量, 且 x1=100, y1=200,则 printf("%d\n",(x1,y1));的输出结果是(　　)。

A. 200　　B. 100　　C. 100 200　　D. 不确定

11. 已知字母 A 的 ASCⅡ码为十进制的 65,下面程序段的输出是(　　)。

```
char ch1,ch2;
ch1='A'+'5'-'3';
ch2='A'+'6'-'3';
printf("% d,% c \n",ch1,ch2);
```

A. 67 ,D　　B. 66,C　　C. C,D　　D. 不确定的值

12. 下面程序段的输出是(　　)。

```
int x=10,y=3;
printf("% d \n",y=x/y);
```

A. 0　　B. 1　　C. 3　　D. 不确定的值

13. 以下表述正确的是(　　)。

A. 输入项可以为一个实型常量,如 scanf("%f",3.5);

B. 只有格式控制,没有输入项,也能进行正确输入,如 scanf("a=%d,b=%d");

C. 当输入一个实型数据时,格式控制部分必须规定小数点后的位数,
如 scanf("%4.2f,",&f);

D. 输入数据时,一般需要指定变量的地址,如 scanf("%f",&f);

14. 以下程序的输出结果为(　　)。

```
#include<stdio.h>
main()
{ int a,b,c,d;
  a=2;b=1;c=0;d;
  d=b-c++;
  c=(-a)+b--;
  printf("% d,% d",c,d);
}
```

A. -1,1　　B. 0,1　　C. -1,0　　D. 1,1

15. 执行语句 a=(b=1,c=b++,b+c++);后,a,b,c 的值为(　　)。

A. 3,2,2　　B. 4,2,2　　C. 2,1,1　　D. 5,2,3

16. 有以下程序段,请问执行后的输出结果为(　　)。

```
int n=10;n+=n-=n*n;
printf("%d",n);
```

A. 0　　B. -90　　C. 180　　D. -180

17. 设有整型变量 n1,n2,其值均为 3,则执行语句 n2=(n1++,n2++,n1+n2);后 n1,n2 的值分别为(　　)。

A. 4,4　　B. 4,8　　C. 3,3　　D. 3,6

18. 下面程序的执行结果为(　　)。

```
#include<stdio.h>
void main()
{ int x=20,y;
y=++x;    y+=x;
printf("%d,",y);
y=x--;    y+=x;
printf("%d",y);    }
```

A. 42,41　　B. 42,42　　C. 40,41　　D. 42,40

19. 在 C 语言中,scanf()函数使用哪种占位符来接收一个整数输入?(　　)

A. %d　　B. %s　　C. %f　　D. %c

20. 下面程序的执行结果为(　　)。

```
#include<stdio.h>
void main()
{ int i=010,j=10;
printf("%d,%d",i++,++j);    }
```

A. 10,11　　B. 11,11　　C. 8,11　　D. 8,10

任务 4　使用关系运算编程判定输入字符是否为字母

【任务导入】

判断输入字符是否为字母在很多场合都有使用,广泛应用于人们的学习生活工作之中,比如在处理大量数据时可能需要清除或替换非字母字符;可能有一个包含大量文本的数据集,工作者希望提取其中的所有字母;在用户输入用户名或密码等数据时,需要确保其中没有输入除有效的字母、数字、容许使用的特殊符号之外的非法符号;在进行网络游戏或图形设计等软件应用时,需要检测出操作者是否使用了包含各种字母的快捷方式。

【学习目标】

知识目标:

(1)能够说出 C 语言中的关系运算符及其表达式;

(2)能够陈述简单 C 语言程序的结构化设计方法和编译方法;

(3)能够说出 C 语言中的逻辑运算符及其表达式;

(4)能够概述在集成环境中进行程序编写、编译和调试的方法;

(5)能够说出 C 语言中的自增自减运算符及其表达式;

(6)能够说出 C 语言中的条件运算符及其表达式。

能力目标:

(1)能够根据任务要求和 C 语言编程技巧完成程序设计;

(2)能够在 DEVCPP 集成开发环境下调试和运行 C 语言程序;

(3)能够根据任务需要查找相关资料,以获取新信息和新知识;

(4)能够阅读、分析和撰写程序设计文档资料;

(5)能够根据程序运行效果将程序代码设计逐步优化。

思政目标:

(1)具备勇于钻研、永攀科技高峰、永不服输的进取精神;

(2)具有精益求精的工匠精神,逐步养成简洁、高效的程序设计风格;

(3)具有良好的沟通能力和团队协作能力;

(4)遵守程序设计人员的职业道德准则和职业规范。

【任务工单】

任务名称	使用关系运算编程判定输入字符是否为字母	参考学时	4 学时
任务描述	经小组讨论,使用 C 语言关系运算编写程序,判定从键盘输入的一个字符型数据,其是大小写字母还是其他字符,并输出结论		
程序设计			
运行结果			
任务收获			

让我们了解一下 C 语言中的关系运算、逻辑运算和条件运算吧！

【知识链接】

一、关系运算

让我们来了解一下 C 语言是如何进行关系运算的吧！

1. 关系运算符

所谓“关系运算”，实际上是“比较运算”：将两个值进行比较，判断其比较的结果是否符合给定的条件。例如，“a>b”中的“>”表示一个大于关系运算，如果 a 的值是 5，b 的值是 3，则大于关系运算“>”的结果为“真”，即条件成立；如果 a 的值是 2，b 的值是 3，则大于关系运算“>”的结果为“假”，即条件不成立。C 语言提供 6 种关系运算符：

① <　（小于）　　　④ >=　（大于或等于）

② <=　（小于或等于）　⑤ ==　（等于）

③ >　（大于）　　　⑥ !=　（不等于）

关系运算符的优先级为：

（1）在关系运算符中，前四个优先级相同，后两个也相同，且前四个高于后两个。例如，“>”优先于“==”，而“>”与“<”的优先级相同。

（2）关系运算符的优先级低于算术运算符，但高于赋值运算符。

2. 关系表达式

用关系运算符将两个表达式（可以是算术表达式、关系表达式、逻辑表达式、赋值表达式或字符表达式等）连接起来的式子，称为关系表达式。

例如，下面的关系表达式都是合法的：

```
a>b,a+b>c-d,(a=3)<=(b=5),'a'>='b',(a>b)==(b>c)
```

关系表达式的值是一个逻辑值（非“真”即“假”）。由于 C 语言没有逻辑型数据，所以用整数“1”表示“逻辑真”，用整数“0”表示“逻辑假”。

例如，设 num1=3，num2=4，num3=2，则：

（1）num1>num2 的值为 0，因为表达式的值为“逻辑假”，所以在 C 语言中用 0 表示。

（2）(num1>num2)!=num3 的值为 1，因为 num1>num2 的值为 0，显然不等于 num3 的值，所以不等于关系成立，即为“逻辑真”，用整数“1”表示。

（3）num1<num2<num3 的值为 1，因为 num1<num2 的值为 1，1 小于 num3，所以小于关系成立。

（4）(num1<num2)+num3 的值为 3，这是因为 num1<num2 的值为 1，1+2=3。

C 语言用整数“1”表示“逻辑真”，用整数“0”表示“逻辑假”。所以，关系表达式的值还可以参与其他种类的运算，例如算术运算、逻辑运算等。

【练习1】数据的关系运算

练习1	阅读分析输出整型数据关系运算值的C语言程序,明确程序各组成部分的功能和关系运算的规则
程序源代码	#include<stdio.h>　　/* 告诉编译器包含头文件 stdio.h */ main()　　/* main()称为主函数 */ {　　/* 程序执行开始 */ 　int num1=3,num2=4,num3=5;　　/* num1、num2、num3 为基本整型 */ 　printf("如果 num1=3,num2=4,num3=5,则以下计算结果为:\n"); 　printf("num1>num2 的值为%d\n", num1>num2); 　　/* 关系运算 */ 　printf("(num1>num2)!=num3 的值为%d\n",(num1>num2)!=num3); 　printf("num1<num2<num3 的值为%d\n", num1<num2<num3); 　printf("(num1<num2)+num3 的值为%d\n",(num1<num2)+num3); 　printf("制作人:XXX\n"); }　　/* 程序执行结束 */
运行的结果	
疑问与收获	

二、逻辑运算

让我们来了解一下C语言是如何进行逻辑运算的吧!

1. 逻辑运算符

C语言提供三种逻辑运算符:

① &&　　逻辑与(相当于"同时")

② ||　　逻辑或(相当于"或者")

③ !　　逻辑非(相当于"否定")

其中,"&&"和"||"是双目运算符,要求有两个运算量;而"!"是单目运算符,只要求有一个运算量。例如,下面的表达式都是逻辑表达式:

```
(x>=)&&(x<10)        /* x>=0,同时 x<10 */
(x<1)||(x>5)         /* x<1 或者 x>5 */
!(x==0)              /* 否定 x=0,即 x 不等于 0 时条件成立 */
```

(1)逻辑运算符的运算规则

①&&:当且仅当两个运算量的值都为“真”时,运算结果为“真”,否则为“假”。

②‖:当且仅当两个运算量的值都为“假”时,运算结果为“假”,否则为“真”。

③!:当运算量的值为“真”时,运算结果为“假”;当运算量的值为“假”时,运算结果为“真”。

例如,假定 x=5,则(x>=0)&&(x<10)的值为“真”,(x<-1)‖(x>5)的值为“假”。

(2)逻辑运算符的运算优先级

①在三个逻辑运算符中,逻辑非的优先级最高,逻辑与次之,逻辑或最低,即:

!(非)→&&(与)→‖(或)

②与其他种类运算符的优先关系如下:

!(非)　　高
算术运算
关系运算
&&(与)
‖(或)
赋值运算　　低

2. 逻辑表达式

逻辑表达式是指用逻辑运算符将一个或多个表达式连接起来,进行逻辑运算的式子。在 C 语言中,用逻辑表达式表示多个条件的组合。

例如,“(year%4==0)&&(year%100!=0)‖(year%400==0)”就是一个判断一个年份是否是闰年的逻辑表达式。

逻辑表达式的值是一个逻辑值(非“真”即“假”),即 1 和 0;而逻辑量的真假判定为 0 和非 0。如前所述,C 语言用整数“1”表示“逻辑真”,用“0”表示“逻辑假”,但在判断一个数据的“真”或“假”时,却以 0 和非 0 为根据,即如果为 0,则判定为“逻辑假”;如果为非 0,则判定为“逻辑真”。数据的逻辑运算真值表如表 4-1 所示。

表 4-1　数据的逻辑运算真值表

a	b	! a	a &&b	a ‖ b
非 0	非 0	0	1	1
非 0	0	0	0	1
0	非 0	1	0	1
0	0	1	0	0

说明:

(1)逻辑运算符两侧的操作数,除可以是 0 和非 0 的整数外,也可以是其他任何类型的数据,如实型、字符型等。

(2)在计算逻辑表达式时,只有在必须执行下一个表达式才能求解时,才求解该表达式(即并不是所有的表达式都被求解)。换句话说:

①对于逻辑与运算，如果第一个操作数被判定为“假”，由于第二个操作数不论“真”还是“假”，都不会对其结果产生影响，所以系统不再判定或求解第二个操作数。

②对于逻辑或运算，如果第一个操作数被判定为“真”，由于第二个操作数不论“真”还是“假”，都不会对其结果产生影响，所以系统不再判定或求解第二个操作数。

例如，假设 n1、n2、n3、n4、x、y 的值分别为 1,2,3,4,1,1，则求解表达式“(x=n1>n2)&&(y=n3>n4)”后，x 的值变为 0，而 y 的值不变，仍等于 1。

因为 n1>n2 不成立，其值为 0，则 x 的值为 0，赋值表达式(x=n1>n2)的值也为 0。对于逻辑与运算，第一个操作数被判定为“假”，则不论第二个操作数(y=n3>n4)是“真”还是“假”，其值都为“假”，所以不再计算该子表达式，故 y 保持原值不变。

【练习 2】数据的逻辑运算

<table>
<tr><td>练习 2</td><td>阅读分析输出整型数据逻辑运算值的 C 语言程序，明确程序各组成部分的功能和逻辑运算的规则</td></tr>
<tr><td>程序源代码</td><td>#include<stdio.h>　　/* 告诉编译器包含头文件 stdio.h */
main()　　/* main()称为主函数 */
{　　/* 程序执行开始 */
  int a=3,b=4,c=5,d=6;　　/* a、b、c、d 为基本整型 */
  printf("如果 a=3,b=4,c=5,d=6,则以下计算结果为:\n");
  printf("! a||b&&c=%d\n",! a||b&&c); /* 逻辑运算 */
  printf("b<a+2*2-d&&2>c/3=%d\n", b<a+2*2-d&&2>c/3);
  printf("5<! 2+3*2||7&&2>1=%d\n",5<! 2+3*2||7&&2>1);
  printf("'a'+5 &&(-1)>-2=%d\n", 'a'+5 &&(-1)>-2);
  printf("制作人:XXX\n");
}　　/* 程序执行结束 */</td></tr>
<tr><td>运行的结果</td><td></td></tr>
<tr><td>疑问与收获</td><td></td></tr>
</table>

三、条件运算

让我们来了解一下 C 语言是如何进行条件运算的吧！

1. 条件运算符的格式

条件运算符的一般格式为：

表达式 1? 表达式 2:表达式 3

条件运算符是 C 语言中唯一的一个三目运算符，其中的“表达式 1”“表达式 2”“表达式

3”的类型可以各不相同。

2. 条件运算的运算规则

如果“表达式 1”的值为非 0(即逻辑真),则运算结果等于“表达式 2”的值;否则,运算结果等于“表达式 3”的值,如图 4-1 所示。运算符的结合性为“从右到左”(即右结合性)。条件运算符的优先级高于赋值运算符,但低于关系运算符和算术运算符。

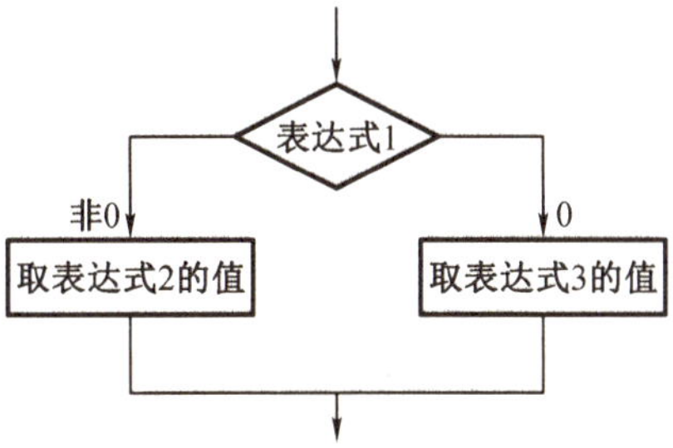

图 4-1　条件运算的运算规则

例如:

```
a=5,b=6;
a>b? a+b:a-b;
```

因为 5>6 为假(0),所以计算 5-6 结果为-1。

```
a+b? a:2;
```

因为 5+6 等于 11 为真(非 0),所以结果为 5。

【练习 3】数据的条件运算

练习 3	阅读分析输出数据条件运算值的 C 语言程序,明确程序各组成部分的功能和条件运算的规则

程序源代码	`#include<stdio.h>　　/*告诉编译器包含头文件 stdio.h*/`
	`main()　　/*main()称为主函数*/`
	`{　　/*程序执行开始*/`
	`int  a=5,b=6;　　/*a、b、c、d 为基本整型*/`
	`char ch='7';　　/*ch 为无符号字符型*/`
	`printf("如果 a=5,b=6,ch='7',则以下运算结果为:\n");`
	`printf("a>b? a+b:a-b=%d\n", a>b? a+b:a-b );　/*条件运算*/`
	`printf("a+b? a:2=%d\n", a+b? a:2 );`
	`(ch>='0'&&ch<='9')? printf("ch 是数字字符\n"): printf("ch 不是数字字符\n");`
	`printf("制作人:XXX\n");`
	`}　　/*程序执行结束*/`

运行的结果	
疑问与收获	

【任务实施】

任务解析

在编程中，判定输入字符是否为字母是非常基础且常见的任务，学习者可以将该任务分解为三个步骤来完成。

（1）输入字符：提示用户输入一个字符，这里需要使用 getchar( ) 或 scanf( ) 等函数读取用户通过标准输入设备（键盘）输入的字符。

（2）判断字符的类型：检查输入的字符是否是大小写字母。这里可以通过比较字符的 ASCII 值与'a'、'z'、'A'、'Z'的 ASCII 值来实现，涉及关系运算、逻辑运算和条件运算。

（3）输出结论：如果输入的字符是大小写字母（ASCII 值在'a'到'z'或者'A'到'Z'的范围之间），则输出相应的信息，如"输入的字符是字母"；如果输入的字符不是字母，则输出相应的信息，如"输入的字符不是字母"。这里需要使用 printf( ) 函数将结论输出到标准输出设备（显示器）。

在实际编程过程中，还需要考虑一些额外的因素，比如错误处理、用户友好性提示等问题，希望初学者逐渐养成为代码添加适当的注释的良好习惯，解释每个部分的功能和实现细节；尝试编写文档，说明程序的使用方法、输入格式、输出格式和注意事项，逐步形成个人独特的编程风格等。

做一做

团队成员共同完成上面知识链接的学习，经小组分工讨论，学生通过搜集 C 语言编程的相关资料，按照任务要求实施程序的编写、编辑与调试工作。完成后每个人需要填写任务工单，在收获一栏中注明本次任务是否能够独立完成，不能独立完成时得到的启发和帮助有哪些，在程序的编写、编辑与调试过程中有哪些收获，现在还存在哪些困惑，同时注意个人的程序书写是否规范，观察程序运行结果是否简洁、合理，最后按照自己在任务实施过程中的表现，给自己评分，满分 20 分。

同时以小组为单位填写任务实施与评价表格，如表 4-2 所示。

表 4-2　任务实施与评价表

课程名称	C 语言程序设计	班级	
任务名称		学时	
组长		小组成员	
任务概述			

表 4-2(续)

实施过程	
工作结果	
疑问收获	
小组自评	
教师评价	

在表中重点记录任务实施过程中每个人在团队中所做出的贡献，个人和团队在编写和调试程序过程中所遇到的困难及解决方案，同时按照每个人在任务实施过程中的参与度，经讨论后由组长给予评分，满分 30 分；最后由教师按照小组任务完成情况对小组进行评分，满分 50 分。

【知识拓展】

接下来让我们了解一下C语言中位运算吧！

一、位运算

位运算是C语言的重要特点，是其他计算机高级语言所没有的。所谓位运算是指以二进制位为对象的运算。在系统软件中，常要处理二进制位的问题。例如，将一个存储单元中的各二进制位左移或右移一位、两个数按位相加等。C语言提供的6种位运算符及运算规则如表4-3所示。

表4-3　位运算符及运算规则

符号	描述	运算规则
&	位与	两个都为1时，结果才为1
|	位或	两个都为0时，结果才为0
^	位异或	两个相同为0，不同为1
~	位非	0变1，1变0
<<	左移	各二进制位全部左移若干位，高位丢弃，低位补0
>>	右移	将二进制位全部右移若干位，对于无符号数，高位补0；对于有符号数，各编译器处理方法不一样，有的补符号位（算术右移），有的补0（逻辑右移）

1. 位与运算符（&）

参加运算的两个数据，按二进制位进行“位与”运算。运算规则：

```
0 & 0=0    0 & 1=0    1 & 0=0    1 & 1=1
```

即当两位同时为1，结果才为1，否则结果为0。

例如：3&5 即 0000 0011 & 0000 0101=0000 0001，因此3&5的值为1。

注意：负数按补码的形式参加按位与运算。

位与运算的用途：

(1)清零

如果想将一个单元清零，使其全部二进制位为0，只要和一个各位都为0的数值做与运算，结果为零。

(2)取一个数指定位

比如取数X=1010 1110的低4位，只需要找一个数Y，令Y的低4位为1，其余位为0，即Y=0000 1111，然后将X与Y进行按位与运算（X&Y=0000 1110）即可得到X的指定位。

(3)判断奇偶

只要根据最末位是0还是1来决定，若为0就是偶数，为1就是奇数。因此下面两条语句是等价的：

```
if ((a & 1)= =0)等价于  if (a % 2= =0)
```

以此来判断a是不是偶数。

2. 位或运算符（ | ）

参加运算的两个对象,按二进制位进行“或”运算。运算规则:

```
0|0=0          0|1=1          1|0=1          1|1=1
```

即参加位或运算的两个对象只要有一个为1,其值为1。

例如:3 | 5 即 000 0011 | 0000 0101=0000 0111, 因此,3 | 5 的值为7。

注意:负数按补码形式参加位或运算。

位或运算常用来将一个数据的某些位设置为1。

比如将数X=1010 1110的低4位设置为1,只需要找另一个数Y,令Y的低4位为1,其余位为0,即Y=0000 1111, 然后将X与Y进行按位或运算(X | Y=1010 1111)即可得到。

3. 位异或运算符（^）

参加位异或运算的两个对象,按二进制位进行“位异或”运算。运算规则:

```
0^0=0          0^1=1          1^0=1          1^1=0
```

即如果两个相应位相同为0,不同为0。

位异或运算的用途:

(1)翻转指定位

比如将数X=1010 1110的低4位进行翻转,只需要另找一个数Y,令Y的低4位为1,其余位为0,即Y=0000 1111,然后将X与Y进行位异或运算(X^Y=1010 0001)即可得到。

(2)与0相异值不变

例如:1010 1110 ^ 0000 0000=1010 1110

4. 位非运算符（~）

参加取反运算的一个数据,按照二进制进行“位非”运算。运算规则:

```
~1=0          ~0=1
```

即对一个二进制按位取反,即0变为1,1变为0。

5. 左移运算符（<<）

将一个运算对象的各二进制位全部左移若干位(左边移出的二进制位丢弃,右边补0)。

例如: a=1010 1110,a=a << 2 ,将a的二进制位左移2位,右补0,即得a=1011 1000。

若左移时舍弃得高位不包含1,则每左移一位,则相当于该数乘以2。

6. 右移运算符（>>）

将一个无符号数的各二进制位全部右移若干位(右边移出的二进制位丢弃,左边补0);将一个有符号数的各二进制位全部右移若干位,正数左补0,负数左补1,右边舍弃。

例如:a=1010 1110,a=a >> 2,将a的二进制位右移2位,a为无符号数时左补0 ,即得a=0010 1011;a为有符号数时左补1 ,即得a=1110 1011。

操作数每右移一位,相当于该数除以2。

7. 复合赋值运算符

位运算符与赋值运算符相结合,组成新的复合赋值运算符,它们是:

&=	例:a &= b	相当于 a=a & b
|=	例:a |= b	相当于 a=a | b
^=	例:a ^= b	相当于 a=a ^ b
<<=	例:a <<= b	相当于 a=a << b

>>=	例:a >>=b	相当于 a=a >> b

不同长度的数据进行位运算:如果两个不同长度的数据进行位运算时,系统会将二者按右端对齐,然后进行位运算。

以与运算为例说明如下:在 32 位系统下,long 类型占 4 个字节,int 类型占 2 个字节,如果一个 long 型数据与一个 int 型数据进行与运算,右端对齐后,左边不足的位依下面三种情况补足:

如果整型数据为正数,则左边补 16 个 0;

如果整型数据为负数,则左边补 16 个 1;

如果整型数据为无符号数,则左边补 16 个 0。

如:long a=123;	int b=1;	b 左边补 16 个 0;
如:long a=123;	int b=-1;	b 左边补 16 个 1;
如:long a=123;	unsigned int b=1;	b 左边补 16 个 0。

(8)位运算符使用的注意事项

位运算是对字节或字中的实际二进制位进行检测、设置或移位,它只适用于字符型和整数型变量以及它们的变体,对其他数据类型不适用;关系运算和逻辑运算表达式的结果只能是 1 或 0,而位运算的结果可以取 0 或 1 以外的值;要注意区别位运算符和逻辑运算符的不同。

二、求字节数运算

求字节数运算符的一般格式为:

sizeof(数据类型或变量或常量)

这是一个单目运算符,它返回常量、变量或数据类型所占内存空间的字节数。

例如:

```
int  a=3;
sizeof(int)、sizeof(a)、sizeof(3)          结果:2
sizeof(long)                              结果:4
```

注意:不同的系统取得的结果可能不同。

名言谚语

“Life is like a sea, only the strong will of people, to reach the other shore.”——马克思。这句话翻译成中文意思是生活就像海洋,只有意志坚强的人,才能到达彼岸。这句话表达了一个非常深刻和普遍的真理,生活充满了挑战和困难,就像一片汹涌的海洋,只有那些拥有坚强意志,不畏艰难,勇往直前的人,才能够成功地渡过这片海洋,到达生活的彼岸;这个彼岸可能代表着个人的目标、理想或者成功,而坚强的意志则是实现这些目标所必需的条件。马克思这句话强调了人的主观能动性的重要性,我们在面对生活的困难和挑战时,不应该被动地接受命运的安排,而是应该积极地发挥自己的主观能动性,用坚强的意志去战胜困难,实现自己的目标。

【课后习题】

1. 为表示关系 x 大于等于 y 同时 y 大于等于 z,应该使用 c 语言表达式为(　　)。

A. (x>=y)&&(y>=z)　　B. (x>=y)and(y>=z)

C. (x>=y>=z)　　D. (x>=y)&(y>=z)

2. 表达式 10! =8 的值为(　　)。

A. true　　B. 非零值　　C. 0　　D. 1

3. 在 C 语言中,哪个位运算符用于对两个数的二进制位进行按位与操作? (　　)

A. |　　B. &　　C. !　　D. ~

4. 设 a=1,b=2,c=3,d=4,则表达式 a<b? a:c<d? a:d 的值为(　　)。

A. 4　　B. 3　　C. 2　　D. 1

5. 设 x,y,z,t 为 int 型变量,则执行以下语句后,t 的值为(　　)。

```
x=y=z=1;
t=++x||++y&&++z;
```

A. 3　　B. 2　　C. 1　　D. 0

6. 语句 printf("%d",(a=2)&&(b=-2));的输出结果是(　　)。

A. 2　　B. 0　　C. -1　　D. 1

7. 当 c 的值不为 0 时,在下列选项中可以正确将 c 的值赋给变量 a,b 的是(　　)。

A. c=b=a;　　B. (a=c||(b=C.);

C. (a=C.&&(b=C.;　　D. a=c=b;

8. 下面程序的运行结果是(　　)。

```
#include <stdio.h>
main()
{ int x=1, y=1, z=1;
x*=3>2;  printf("%d",x);
x*=y=z=5; printf("%d",x);
x=y<=z;  printf("%d",x);   }
```

A. 1 5 1　　B. 2 5 1　　C. 0 5 1　　D. 1 5 0

9. 能正确表示 a 和 b 同时为正或同时为负的表达式是(　　)。

A. (a>0 || b>0)&&(a<0 || b<0)

B. (a>=0&&b>=0)&&(a<0&&b<0)

C. (a+b>0)&&(a+b<0)

D. a*b>0

10. 判断字符型变量 ch 为大写字母的表达式是(　　)。

A. 'A'<= ch <='Z'　　B. (ch>='A')&(ch<='Z')

C. (ch>='A')&&(ch<='Z')　　D. (ch>='A')AND(ch<='Z')

11. 以下程序段的运行结果是(　　)。

```
int x=1,y=1,f=0;
f=x++||y++;
printf("\n%d%d%d\n",x,y,f);
```

A. 1 1 0　　B. 2 1 1　　C. 0 1 1　　D. 0 0 1

12. 当 x=0 时,表达式! x||x 的值为(　　)。

A. 0　　B. 2　　C. 不确定　　D. 1

13. 能正确表示 x 的取值范围在[0,100]和[-10,-5]内的表达式是(　　)。

A. (x<=-10)||(x>=-5) && (x<=0)||(x>=100)

B. (x>=-10)&&(x<=-5) || (x>=0)&&(x<=100)

C. (x>=-10)&&(x<=-5) && (x>=0)&&(x<=100)

D. (x<=-10)||(x>=-5) || (x<=0)||(x>=100)

14. 下列运算符中优先级最高的是(　　)。

A. >　　B. +　　C. &&　　D. ! =

15. 逻辑运算符运算对象的数据类型(　　)。

A. 只能是 0 或 1　　B. 只能是. T. 或. F.

C. 只能是整型或字符型　　D. 任何类型的数据

16. 当 a=3,b=2,c=1 时,表达式 f=a>b>c 的值是(　　)。

A. 0　　B. 2　　C. 3　　D. 1

17. 设 x, y, z 为 int 型变量,能描述"x 或 y 中有一个小于等于 z"的表达式(　　)。

A. (x<z)||(y<z)　　B. (x<=z)&&(y<=z)

C. (x<z)&&(y<z)　　D. (x<=z)||(y<=z)

18. 设 int x=1,y=1;表达式(! x||y--)的值为(　　)。

A. 0　　B. 1　　C. 2　　D. -1

19. 下面程序的输出结果为(　　)。

```
#include<stdio.h>
main()
{ int a,b,c;  a=2;b=1;c=0;
a=b+c==0;  b=(-1)&&(-2);
printf("% d,% d",a,b);
}
```

A. 0,1　　B. 1,1　　C. 0,0　　D. 2,0

20. 当 a=5,b=4,c=2 时,表达式 a>b! =c 的值是(　　)。

A. 1　　B. 2　　C. 3　　D. 0

任务 5　使用 if 语句编程求解一元二次方程

【任务导入】

一元二次方程是数学中一个非常重要的概念,它在很多领域都有广泛的应用,可以用来描述很多实际问题,比如物体下落、抛物线运动、增长率等;在物理学、化学、生物学等学科领域中,一元二次方程的解可以用来描述各种客观现象及其规律;通过求解一元二次方程,可以加深学生对数学概念和原理的理解,提高数学思维和解决问题的能力;在生产计划、资源分配、投资决策等问题中,通过一元二次方程的求解可以帮助工作人员找到最优方案,从而提高效率和效益;在计算机图形绘制、游戏开发、虚拟现实等领域中,通过设定一元二次方程可以用来描述各种形状和运动轨迹。

【学习目标】

知识目标:

(1)能够说出 C 语言中 if 语句的格式和应用方法;

(2)能够陈述简单 C 语言程序的结构化设计方法和编译方法;

(3)能够阐述 if 语句的单分支、双分支和多分支应用;

(4)能够概述在集成环境中进行程序编写、编译和调试的方法;

(5)能够概述 if 语句的嵌套使用方法。

能力目标:

(1)能够根据任务要求和 C 语言编程技巧完成程序设计;

(2)能够在 DEVCPP 集成开发环境下调试和运行 C 语言程序;

(3)能够根据任务需要查找相关资料,以获取新信息和新知识;

(4)能够阅读、分析和撰写程序设计文档资料;

(5)能够根据程序运行效果将程序代码设计逐步优化。

思政目标:

(1)具备创造性思维、逆向思维,善于思考与分析、总结规律;

(2)具有精益求精的工匠精神,逐步养成简洁、高效的程序设计风格;

(3)具有良好的沟通能力和团队协作能力;

(4)遵守程序设计人员的职业道德准则和职业规范。

【任务工单】

任务名称	使用 if 语句编程求解一元二次方程	参考学时	4 学时
任务描述	经小组讨论,使用 C 语言 if 语句编写程序,使用求根公式 $x=\frac{-b\pm\sqrt{b^2-4ac}}{2a}(b^2-4ac\geq0)$ 求得一元二次方程 $ax^2+bx+c=0(a\neq0)$ 的解,并输出结果		
程序设计			
运行结果			
任务收获			

让我们了解一下C语言中分支结构控制语句吧！

【知识链接】

一、if语句单分支

让我们来了解一下C语言的if语句单分支形式吧！

用if语句可以构成分支结构，if语句根据给定的条件进行判断，以决定执行某个分支程序段。C语言的if语句有单分支、双分支和多分支等三种基本形式。

if语句单分支基本形式：

```
if(表达式)
   语句
```

例如：

```
if(x>y)
   printf("%d",x);
```

if语句单分支的执行过程如图5-1所示，其语义是如果表达式的值为非0，则按“真”处理，执行其后的语句，否则不执行该语句。

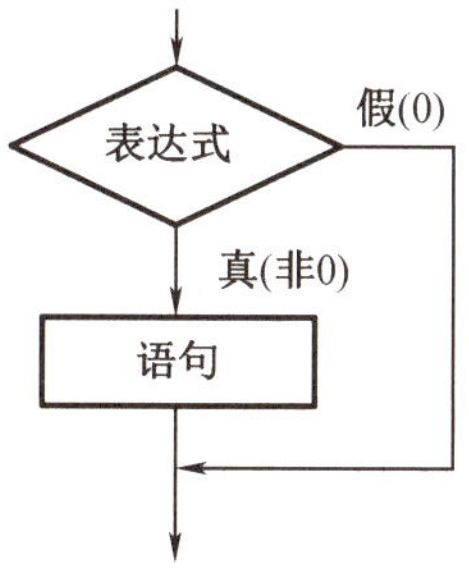

图5-1　if语句单分支的执行过程

【练习 1】三个整型数据的排序

练习 1	阅读分析输入任意三个整数，让它们按由小到大顺序输出的 C 语言程序，明确程序各组成部分的功能和 if 语句单分支的用法。

程序源代码	#include<stdio.h>　　/* 告诉编译器包含头文件 stdio.h */
	main()　　/* main()称为主函数 */
	{　　/* 程序执行开始 */
	  int num1,num2,num3,temp;　　/* num1、num2、num3、temp 为基本整型 */
	  printf(“please input three numbers: ”);
	  scanf(“%d,%d,%d”,&num1,&num2,&num3);
	  if(num1>num2)
	    {temp=num1;num1=num2,num2=temp;}　　/* 两个变量的变量值交换 */
	  if(num1>num3)
	    {temp=num1;num1=num3;num3=temp;}
	  if(num2>num3)
	    {temp=num2;num2=num3;num3=temp;}
	  printf("Three numbers after sorted:%d,%d,%d\n",num1,num2,num3);
	  printf("制作人:XXX\n");
	}　　/* 程序执行结束 */

运行的结果	
疑问与收获	

让我们来了解一下此程序的编写思路。

在该程序中,首先判定条件(num1>num2),如果条件满足,则 num1 和 num2 的值进行交换;然后再比较(num1>num3),如果条件满足,则 num1 和 num3 的值进行交换,经过两次判定交换后,变量 num1 中的值为三个数中的最小值;最后比较(num2>num3),如果条件满足,则 num2 和 num3 的值进行交换。经过这三次比较交换后,num1、num2、num3 三个变量的值的顺序即为从小到大的顺序,这里应用的是 if 语句单分支形式。

二、if 语句双分支

让我们来了解一下 C 语言的 if 语句双分支形式吧!

1. 双分支基本形式

```
if(表达式)
   语句 1
else
   语句 2
```

例如:

```
if (x>y)
  printf("% d",x);
else
  printf("% d",y);
```

if 语句双分支的执行过程如图 5-2 所示,其语义是如果表达式的值为非 0,则按“真”处理,执行语句 1;否则表达式的值为 0,按“假”处理,执行语句 2 。

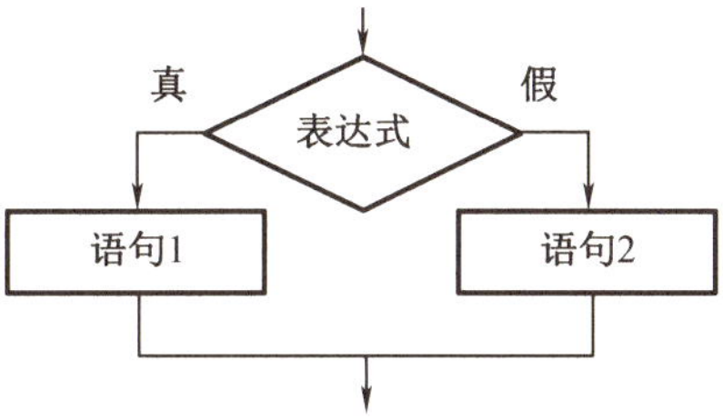

图 5-2　if 语句双分支的执行过程

2. if 语句与条件运算表达式的转换

例如:如果字符变量 ch 的值是大写字母字符,则将其转换成对应的小写字母,否则 ch 的值不变。

条件运算表达式:

```
ch=(ch>='A'&&ch<='Z')? (ch+32):ch;
```

if 语句双分支形式:

```
if(ch>='A'&&ch<='Z')
   ch=ch+32 ;
else
```

```
ch=ch ;
```

在这里,我们会发现 else 分支上“ch=ch;”语句是无用的,所以可以用 if 语句单分支形式解决上面的问题。

```
if(ch>='A'&&ch<='Z')
   ch=ch+32;
```

【练习 2】求三个整型数据的最大值

练习 2	阅读分析输入任意三个整数,求三个数中最大值的 C 语言程序,明确程序各组成部分的功能和 if 语句双分支的用法

程序源代码	#include<stdio.h> /* 告诉编译器包含头文件 stdio.h * /
	main() /* main()称为主函数 * /
	{ /* 程序执行开始 * /
	int num1,num2,num3,max; /* num1、num2、num3、max 为基本整型 * /
	printf("please input three numbers: ");
	scanf("% d,% d,% d",&num1,&num2,&num3);
	if (num1>num2) /* 输入三个整数 * /
	max=num1;
	else /* 比较 num1 和 num2,将大的数赋给 max * /
	max=num2;
	if(num3>max)
	max=num3;
	printf("The three numbers are:% d,% d,% d\n", num1,num2,num3);
	printf(“Max=% d\n", max);
	printf("制作人:XXX\n");
	} /* 程序执行结束 * /

运行的结果	
疑问与收获	

让我们来了解一下此程序的编写思路。

在该程序中，首先输入任意三个整数并赋给变量 num1，num2，num3；然后通过 if 语句判定条件（num1>num2），如果条件满足，则将 num1 的值作为最大值，否则将 num2 的值作为最大值，这就用到了 if 语句双分支形式；再将前两个数的最大值 max 和 num3 比较，即判定条件（num3>max），如果条件满足，则 num3 的值是最大值，否则原最大值不变，这就用到了 if 语句单分支形式，最后输出三个数的最大值。

本程序中的第一个 if 语句可改为不带 else 的形式：

```
max=num1;
if(num2>max)  max=num2;
```

这种改换的基本思想是：首先取一个数预置为 max（最大值），然后再用 max 依次与其余的数逐个比较，如果发现有比 max 大的，就用它给 max 重新赋值，比较完所有的数后，max 中的数就是最大值。这种方法，对从三个或三个以上的数中找最大值的处理非常有效。

三、if 语句多分支

让我们来了解一下 C 语言的 if 语句多分支形式吧！

1. 多分支基本形式

前二种形式的 if 语句一般都用于两种选择的情况。当有多个分支选择时，可采用 if-else-if 语句结构，其基本形式：

```
if(表达式 1)
  语句 1;
else  if (表达式 2)
        语句 2;
      else  if (表达式 3)
              语句 3;
      ……
            else  if (表达式 m)
                    语句 m;
                  else
                    语句 m+1
```

例如：

```
if(chengji>=90)
   dengji='A';
else     if(chengji>=80)
         dengji='B';
         else  if(chengji>=70)
               dengji='C';
               else if(chengji>=60)
                    dengji='D';
                    else
```

```
dengji='E';
```

if 语句多分支的执行过程如图 5-3 所示，其语义是依次判断 m 个表达式的值，当出现某个值为非 0（真）时，则执行其对应的语句。然后跳到整个 if 语句之外继续执行程序；如果所有的表达式均为 0（假），则执行语句 m+1，然后继续执行 if 语句之外的后续程序。

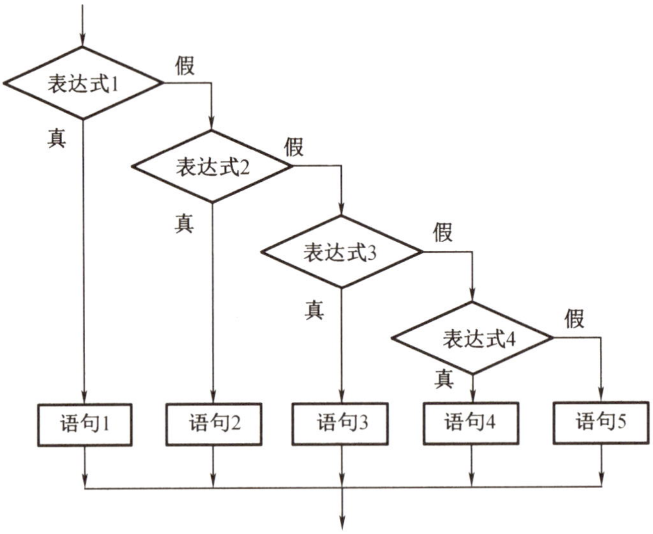

图 5-3 if 语句多分支的执行过程

2. if 语句的重点说明

（1）三种形式的 if 语句中，在 if 后面都有“表达式”，一般为逻辑表达式或关系表达式。例如：

```
if(a==b&&x==y)  printf("a=b,x=y");
```

在执行 if 语句时先对表达式求解，若表达式的值为 0，则按“假”处理，若表达式的值为非 0，则按“真”处理，之后执行指定的语句。假如有以下 if 语句：

```
if(3)  printf("O.K.");
```

此语句是合法的，执行结果输出“O. K.”，因为表达式的值为 3，按“真”处理。由此可见，表达式的类型不限于关系表达式和逻辑表达式，可以是任意的数值类型（包括整型、实型、字符型、指针型数据）。例如，下面的 if 语句也是合法的：

```
if('a')  printf("%d", 'a');
```

执行后输出 a 的 ASCII 码 97。

（2）第二、第三种形式的 if 语句中，在每个 else 前面有一分号，整个语句结束处有一分号。例如：

```
if (x>0)
    printf("%f",x);
else
    printf("%f",-x);
```

分号是 C 语句中不可缺少的部分，if 语句中的内嵌语句必须有分号。如果缺少分号，则出现语法错误。注意，不要误认为上面是两个语句（if 和 else），其实它们都属于同一个 if 语句。else 不能作为语句单独使用,它是 if 语句的一部分,与 if 配对使用。

(3)在 if 和 else 后面可以只含一个内嵌的操作语句(如上例),也可以有多个操作语句,此时用花括号({})将几个语句括起来成为一个复合语句。如求三角形面积(海伦公式,已知边长 a,b,c)。

```
if(a+b>c&&b+c>a&&c+a>b)
 { s=0.5*(a+b+c);
   area=sqrt(s*(s-a)*(s-b)*(s-c));
   printf("area=%6.2f",area);
 }                                         //平方根函数 sqrt
else printf("it is not a trilateral 三角形");
```

【练习 3】使用 if 将百分制成绩转换成五级制

<table>
<tr><td>练习 3</td><td>阅读分析输入一个百分制成绩转换为五级制成绩输出的 C 语言程序,明确程序各组成部分的功能和和 if 语句多分支的用法。</td></tr>
<tr><td>程序源代码</td><td><pre>
#include<stdio.h>   /*告诉编译器包含头文件 stdio.h*/
main()   /*main()称为主函数*/
{   /*程序执行开始*/
  int chengji;   /*chengji 为基本整型*/
  char dengji;   /*dengji 为字符型*/
  printf("输入一个成绩值:");
  scanf("%d",&chengji);
  if(chengji>=90)
      dengji='A';
  else if(chengji>=80)
            dengji='B';
        else if(chengji>=70)
                 dengji='C';
              else if(chengji>=60)
                     dengji='D';
                   else
                     dengji='E';
  printf("成绩等级: %c\n",dengji);
  printf("制作人:XXX\n");
}   /*程序执行结束*/
</pre></td></tr>
<tr><td>运行的结果</td><td></td></tr>
<tr><td>疑问与收获</td><td></td></tr>
</table>

注:百分制成绩转换为五级制成绩的原则是如果成绩大于等于 90,评为 A 等;否则大于等于 80,评为 B 等;否则大于等于 70,评为 C 等;否则大于等于 60,评为 D 等;否则评为 E 等。

【任务实施】

任务解析

在编程中,完成一元二次方程的求解等数学问题是非常基础且常见的任务,学习者可以将该任务分解为四个步骤来完成。

(1)输入数据:提示用户输入一元二次方程的三个系数 a、b 和 c,这里需要使用 scanf 函数读取用户通过标准输入设备(键盘)输入的数据。需要验证用户输入的有效性,确保 a 不为 0(因为 a=0 时方程不再是二次方程),如果 a 为 0,则输出错误提示信息,并要求用户重新输入。

(2)计算判别式 Delta(Δ):公式为 Delta=b * b-4 * a * c。

如果 Delta 小于 0,方程没有实数解,可能有复数解。

如果 Delta 等于 0,方程有一个实数解(重根)。

如果 Delta 大于 0,方程有两个不同的实数解。

(3)计算解:

对于没有实数解的情况,程序应输出相应的信息。

对于有一个实数解的情况,使用公式 x=-b/(2a)计算解。

对于有两个实数解的情况,使用公式 x1=[-b+sqrt(Delta)]/(2a)和 x2=[-b-sqrt(Delta)]/(2a)计算两个解。

(4)输出结果:应该格式化输出解,包括解的个数和具体的值。这里需要使用 printf 函数将结果输出到标准输出设备(显示器),对于实数解,应保留合适的小数位数,通常使用“%.2f”或“%.2lf”进行格式化。

注意事项:

(1)错误处理:尝试在程序中实现对可能出现的错误情况进行处理,例如输入非数字字符、a 等于 0 等;在检测到错误时,程序应输出错误提示信息,并可能需要终止执行。

(2)代码测试:在完成编程后,应对代码进行测试,确保在各种情况下都能正确运行。可以使用不同的输入值来测试程序,包括正数、负数、零和极端情况(如非常大的数或非常接近 0 的数)。

(3)用户界面:逐步改进、尝试设计出更易于交流使用的用户界面,使得用户可以轻松输入一元二次方程的三个系数并查看结果;还可以考虑添加一些额外的功能,如历史记录、多次求解等。

(4)文档和注释:逐渐养成为代码添加适当的注释的良好习惯,解释每个部分的功能和实现细节;尝试编写文档,说明程序的使用方法、输入格式、输出格式和注意事项,逐步形成个人独特的编程风格等。

做一做

团队成员共同完成上面知识链接的学习,经小组分工讨论,学生通过搜集 C 语言编程的相关资料、按照任务要求实施程序的编写、编辑与调试工作。完成后每个人需要填写任务工单，在收获一栏中注明本次任务是否能够独立完成，不能独立完成时得到的启发和帮助有哪些，在程序的编写、编辑与调试过程中有哪些收获，现在还存在哪些困惑，同时注意个人的程序书写是否规范，观察程序运行结果是否简洁、合理，最后按照自己在任务实施过程中的表现给自己评分，满分 20 分。

同时以小组为单位填写任务实施与评价表格，如表 5-1 所示。

表 5-1　任务实施与评价表

<table>
<tr><td>课程名称</td><td colspan="2">C 语言程序设计</td><td>班级</td><td></td></tr>
<tr><td>任务名称</td><td colspan="2"></td><td>学时</td><td></td></tr>
<tr><td>组长</td><td></td><td>小组成员</td><td colspan="2"></td></tr>
<tr><td>任务
概述</td><td colspan="4"></td></tr>
<tr><td>实施
过程</td><td colspan="4"></td></tr>
<tr><td>工作
结果</td><td colspan="4"></td></tr>
<tr><td>疑问
收获</td><td colspan="4"></td></tr>
<tr><td>小组
自评</td><td colspan="4"></td></tr>
<tr><td>教师
评价</td><td colspan="4"></td></tr>
</table>

在表中重点记录任务实施过程中每个人在团队中所做出的贡献,个人和团队在编写和调试程序过程中所遇到的困难及解决方案,同时按照每个人在任务实施过程中的参与度,经讨论后由组长给予评分,满分 30 分;最后由教师按照小组任务完成情况对小组进行评分,满分 50 分。

【知识拓展】

接下来让我们了解一下 if 语句的嵌套吧!

一、if 语句的嵌套与嵌套匹配原则

1. if 语句允许嵌套

所谓 if 语句的嵌套,是指在"语句组 1"或(和)"语句组 2"中,又包含有 if 语句的情况。

```
if (表达式 1)
    语句组 1       ────────→      { if(表达式 2)
                                      语句组 3
                                    else
                                      语句组 4  }
else
    语句组 2
```

在 else 后面语句组中嵌套 if 语句,就构成了 if 语句多分支形式。

```
if (表达式 1)  语句组 1
else           if (表达式 2)  语句组 2
               else    if (表达式 3)  语句组 3
                 .....
                       else   if (表达式 m)  语句组 m
                              else           语句组 m+1
```

2. else 子句与 if 的匹配原则

if 语句嵌套时,else 子句与 if 的匹配原则:与在它上面、距它最近且尚未匹配的 if 配对。为明确匹配关系,避免匹配错误,建议最好将内嵌的 if 语句一律用花括号括起来。

例如:

```
if(表达式 1)
if(表达式 2)
    语句 1;
else
    语句 2;
```

其中的 else 究竟是与哪一个 if 配对呢?

应该理解为:

```
  if(表达式 1)
    { if (表达式 2)
        语句 1;
      else
```

```
        语句 2;
    }
```

又例如比较两个数的大小关系：

```
main()
{
    int a,b;
    printf("please input a, b:    ");
    scanf("% d% d",&a,&b);
    if(a! =b)
        if(a>b)  printf("a > b \n");
        else     printf("a < b \n");
    else     printf("a=b \n");
}
```

本例中用了 if 语句的嵌套结构，采用嵌套结构实质上是为了进行多分支选择，实际上有三种结果即 a > b、a < b 或 a=b。这种问题用 if-else-if 语句也可以完成，而且程序看起来更加清晰，更便于阅读理解，所以程序可以修改为：

```
main()
{
    int a,b;
    printf("please input a, b:      ");
    scanf("% d% d",&a,&b);
    if(a= =b)printf("a=b \n");
    else if(a>b)  printf("a > b \n");
         else  printf("a < b \n");
}
```

二、良好的源程序书写风格——缩排

(1)为了使源程序具有良好的结构和可读性，if 行和 else 行左对齐。

(2)如果 if 和 else 子句所属的语句(组)另起一行开始，则应向右缩进 3~4 个字符形成阶梯状；语句组内的顺序程序段应左对齐。如果语句(组)很简短，且跟在 if 行或 else 行的后面，就不存在缩进问题。

名言谚语

“数缺形时少直观，形缺数时难入微。”——华罗庚。这句话强调了在数学学习中要将数与形结合起来，以获得更深入的理解；“数缺形时少直观”，意思是当我们研究数学问题时，如果没有具体的图形来辅助理解，我们可能很难直观地理解问题的本质，例如在解析几何中，对于一些抽象的数学问题，通过将其转化为图形问题，我们能够更直观地理解问题，找到解决方案；“形缺数时难入微”，则是指如果只有图形而没有数字或公式来支持，我们很难对问题进行细微的分析和计算，例如在几何问题中，有时候我们需要使用代数方法来计算角度、长度等细微之处，这时数字和公式就变得非常重要；这句话告诉我们，在数学学习中要将数与形结合起来，互相补充，以便更深入、全面地理解数学概念和问题；这种思维方式不仅有助于解决数学问题，还可以应用到其他领域的问题解决中，学会这种思维方法可以逐步提高大家的逻辑思维能力和解决问题的能力。

【课后习题】

1. 下面程序的运行结果是(　　)。

```
#include <stdio.h>
main()
{ int a=3,b=2,d=1;
  if(d! =0)  a=d/100%9;
  else       b=(-1)&&6;
  printf("%d,%d",a,B.;
}
```

A. 0,1　　B. 0,2　　C. 1,1　　D. 2,0

2. 在if语句中如果希望当A的值为奇数时，判定为"真"，A的值为偶数时，判定为"假"，则以下不能满足要求的是(　　)。

A. if(A%2 == 1)　　B. if(!(A%2 == 0))

C. if(!(A%2))　　D. if(A%2)

3. 执行下面程序段的结果是(　　)。

```
int x=1,y=1,z=0;
    if(y! =0) x=5;
    printf("x=%d\t",x);
    if(y==0) x=3; else x=5;
    printf("x=%d\t\n",x);
    if(x=z=y) x=3;
    printf("x=%d\t",x);
printf("z=%d\t",z);
```

A. x=5　　x=5
   x=3　　z=1

B. x=5　　x=5
   x=0　　z=0

C. x=1　　x=1
   x=3　　z=1

D. x=1　　x=5
   x=3　　z=0

4. 执行以下程序段后，变量a，b，c的值分别是(　　)。

```
int x=10, y=9;
int a, b, c;
if(a=(--x==y++))    --x;
else++y;
b=x++;  c=y;
```

A. a=1，b=9，c=9　　B. a=8，b=8，c=10

C. a=9，b=10，c=9　　D. a=1，b=8，c=10

5. 以下关于运算符优先顺序的描述中正确的是(　　)。

A. 关系运算符<算术运算符<赋值运算符<逻辑与运算符

B. 逻辑与运算符<关系运算符<算术运算符<赋值运算符

C. 赋值运算符<逻辑与运算符<关系运算符<算术运算符

D. 算术运算符<关系运算符<赋值运算符<逻辑与运算符

6. 执行下面程序段后,x 的值是(　　)。

```
int x,a,b,c;
a=b=c=0;x=35;
if(! A.x=-1;
else if(B.
     if(C.x=3;
     else x=4;
```

A. 35　　B. 4　　C. -1　　D. 3

7. 如果要求在 if 语句后面一对圆括号中表示 a 不等于 0 的关系,能正确表达这一关系的是(　　)。

A. a<>0　　B. ! a　　C. a=0　　D. a

8. 执行下面程序段的结果是(　　)。

```
int x=1,y=1,z=0;
if(z<0)
if(y>0)x=3;  else x=5;
printf("% d",x);
if(z=y<0) x=3;
else if(y==0) x=5;
else x=7;
printf("% d",x);
printf("% d",z);
```

A. 1　7　0　　B. 3　7　0　　C. 5　7　0　　D. 1　5　1

9. 设有 int a=1, b=2, c=3, d=4, m=5, n=6;执行 if((m = a>B. &&(n = c>d))后 n 的值为(　　)。

A. 1　　B. 6　　C. 3　　D. 0

10. 执行以下程序段的运行结果是(　　)。

```
int m=5;
if(m++>5) printf("% d\n",m);
else printf("% d\n",m--);
```

A. 4　　B. 5　　C. 6　　D. 7

11. 当 a=1, b=2, c=5, d=3 时,执行完下面一段程序后 x 的值是(　　)。

```
if(a<b)
if(c<d)x=1;
else
  if(a<c)
    if(b<d)x=2;
    else x=3;
  else x=6;
else x=7;
```

A. 1　　B. 2　　C. 3　　D. 6

12. 已知 x=3,ch='A',y=0;则 if(x>=y&&ch<'B'&&! y)的判定结果是(　　)。

A. 0　　B. 语法错误

C. 1　　D. 3

13. 执行下面程序段的输出结果是(　　)。

```
int a=100, x=10, y=20, k1=1, k2=0;
if(x<y)
  if(y! =10)
    if(! k1)
      a=1;
    else  if(k2) a=10;
else    a= -1;
printf("% d\n",a);
```

A. 1　　B. 0　　C. -1　　D. 值不确定

14. 为了避免在嵌套的条件语句中 if-else 产生二义性,C 语言规定:else 子句总是与(　　)配对。

A. 其上面缩排位置相同的 if　　B. 其上面尚未配对且距离最近的 if

C. 其同一行上的 if　　D. 其之后尚未配对且距离最近的 if

15. 若运行下面程序时正确输入 2.0,则程序的输出结果是(　　)。

```
#include <stdio.h>
void main()
{ float a, b;
scanf("% f",&a);
if(a<0.0) b=0.0;
else if((a<0.5)&&(a! =2.0)) b=1.0/(a+2.0);
else if(a<10.0) b=1.0/a;
else b=10.0;
printf("% f\n",b);        }
```

A. 0.000000　　B. 0.500000　　C. 1.000000　　D. 0.250000

16. 下面程序的输出结果是(　　)。

```
    #include <stdio.h>
        main()
        { int x=1,y=0,a=0,b=0;
          switch( x )
            { case 1:
              switch(y)
                { case 0: a++;
      case 1: b++;break;
                }
              case 2:++a;++b;break;
            }
```

```
    printf("a=%d,b=%d\n",a,b);
}
```

A. a=2,b=1　　B. a=1,b=1　　C. a=1,b=0　　D. a=2,b=2

17. 假设 x, y 和 z 是 int 型变量,且 x=3,y=4,z=5,则下面 if 语句中条件表达式判定为 0 的是(　　)。

A. if('x'&&'y')　　B. if(x<=y)

C. if(x||y+z&&y-z)　　D. if(!((x<y)&&!z||1))

18. 执行下面的程序段后,b 的值为(　　)。

```
int x=0x40;
char z='b';
intb=3;
if((x&&0xff)&&(z>'a'))  b=b&0xf1;
```

A. 0　　B. 1　　C. 2　　D. 3

19. 若有语句 if(xp),则以下表达式中能完全等价于表达式(xp)的是(　　)。

A. (xp == 0)　　B. (xp!=0)　　C. (xp == 1)　　D. (xp!=1)

20. 若运行下面程序的时候正确输入 2 和 5,则输出是(　　)。

```
#include <stdio.h>
main()
{ int a,b,s;
  printf("Please Enter a and b:");
  scanf("%d%d",&a,&b);
  s=a;
  if(a>b)  s=a%b;
  else     s=b%a;
  printf("%d\n",s); }
```

A. 0　　B. 1　　C. 2　　D. 5

任务6　使用 switch 语句编程核算某公司职员的工资

【任务导入】

工作单位的薪金报酬是大多数人最主要的经济来源，是人们幸福生活的有效保障，中央政府和地方政府对工作者的薪酬都有明确的规定和要求，企业必须遵守相关法律法规，确保劳动者的权益得到保障。同时企业应该通过合理的薪酬核算和有效的激励措施制定，确保员工的劳动付出能够及时得到应有的回报，只有这样企业才能吸引优秀的人才，激发员工的工作积极性和创造力，有利于提高员工对公司的忠诚度，为企业发展凝聚人心，提高企业的生产效率，保证企业团队的稳定性，推动企业的可持续发展。

【学习目标】

知识目标：

(1)能够说出 C 语言中 switch 语句的格式和应用方法；

(2)能够陈述简单 C 语言程序的结构化设计方法和编译方法；

(3)能够阐述 break 语句的使用方法；

(4)能够概述在集成环境中进行程序编写、编译和调试的方法。

能力目标：

(1)能够根据任务要求和 C 语言编程技巧完成程序设计；

(2)能够在 DEVCPP 集成开发环境下调试和运行 C 语言程序；

(3)能够根据任务需要查找相关资料，以获取新信息和新知识；

(4)能够阅读、分析和撰写程序设计文档资料；

(5)能够根据程序运行效果将程序代码设计逐步优化。

思政目标：

(1)具备信息安全意识、法治观念，尊重知识产权，注重保护个人隐私；

(2)具有精益求精的工匠精神，逐步养成简洁、高效的程序设计风格；

(3)具有良好的沟通能力和团队协作能力；

(4)遵守程序设计人员的职业道德准则和职业规范。

【任务工单】

任务名称	使用 switch 语句编程核算某公司职员的工资	参考学时	4 学时
任务描述	经小组讨论,使用 C 语言 switch 语句编写程序,计算某公司职员的工资并输出结果。 某公司职员的每月工资构成为保底加提成:保底薪水为 5 000 元,该月所接订单的利润 profit (整数)与利润提成的关系如下(计量单位:元): profit <10 000 没有提成 10 000≤profit<20 000　提成 5% 20 000≤profit<50 000　提成 10% 50 000≤profit<100 000　提成 15% 100 000≤profit　提成 20%		
程序设计			
运行结果			
任务收获			

让我们了解一下 C 语言中的多分支开关语句吧！

【知识链接】

一、switch 语句

让我们来了解一下 C 语言的 switch 语句的形式吧？

1. switch 语句的基本形式

C 语言还提供了另一种用于多分支选择的 switch 语句，其基本形式：

```
switch(表达式)
  { case 常量表达式 1:语句段 1;[break;]
    case 常量表达式 2:语句段 2;[break;]
                ……
    case 常量表达式 n:语句段 n;[break;]
    [default:         语句段 n+1;[break;]]
                      /* default 子句是可选的 */
  }
```

例如：输入一个数字(0~7)，转化为英文(星期一到星期日)输出。

```
int a;
scanf("%d",&a);
switch (a)
{
    case 1:printf("Monday\n");break;
    case 2:printf("Tuesday\n"); break;
    case 3:printf("Wednesday\n");break;
    case 4:printf("Thursday\n");break;
    case 5:printf("Friday\n");break;
    case 6:printf("Saturday\n");break;
    case 7:printf("Sunday\n");break;
    default:printf("error\n");
}
```

switch 语句的执行过程如图 6-1 所示，其语义是当 switch 后面“表达式”的值与某个 case 后面的“常量表达式”的值相同时就执行该 case 后面的语句（段），然后不再进行判断并且一直向下执行；当执行到 break 语句时，跳出 switch 语句；如表达式的值与所有 case 后的常量表达式均不相同时，则执行 default 后面的语句(段)。

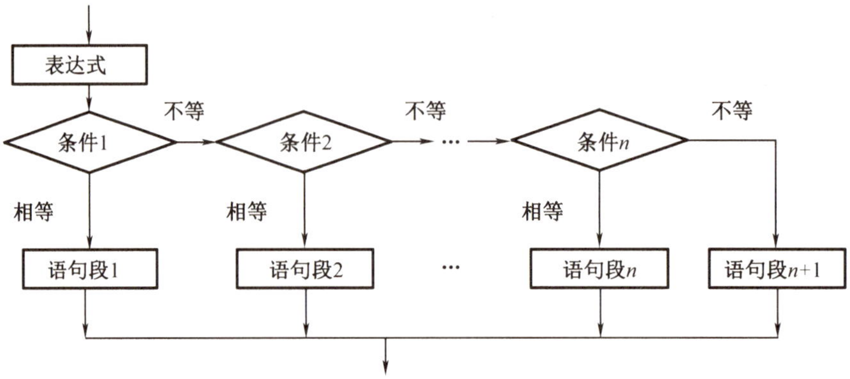

图 6-1　switch 语句的执行过程

【练习 1】计算器程序

练习 1	阅读分析输入运算数据和四则运算符，输出计算结果的 C 语言程序，明确程序各组成部分的功能和 switch 语句的用法

程序源代码	#include<stdio.h>　　　/* 告诉编译器包含头文件 stdio.h */
	main()　　　/* main()称为主函数 */
	{　　　/* 程序执行开始 */
	　float a,b;　　　/* a、b 为单精度实型 */
	　char c;　　　/* c 为字符型 */
	　printf("四则运算输入格式: a+(-,*,/)b \n");
	　scanf("%f%c%f",&a,&c,&b);
	　switch(c)
	　{
	　　case '+': printf("%f\n",a+b);break;
	　　case '-': printf("%f\n",a-b);break;
	　　case '*': printf("%f\n",a*b);break;
	　　case '/': printf("%f\n",a/b);break;
	　　default: printf("input error\n");
	　}
	　printf("制作人:XXX\n");
	}　　　/* 程序执行结束 */

运行的结果	
疑问与收获	

注：本程序可用于四则运算求值。switch 语句用于判断运算符，然后输出运算值。当输入运算符不是+，-，*，/时给出错误提示。

2. switch 语句说明

(1) switch 后面的“表达式”一般是一个整数表达式或字符表达式。

(2)每个 case 后面“常量表达式”的值必须各不相同,否则会出现相互矛盾的现象(即对表达式的同一值,有两种或两种以上的执行方案)。

(3)各 case 及 default 子句的先后次序不影响程序执行结果。

(4)用 switch 语句实现的多分支结构程序,完全可以用 if 语句和 if 语句的嵌套来实现。

(5)case 后面的常量表达式仅起语句标号作用,并不进行条件判断。系统一旦找到入口标号,就从此标号开始向下执行,不再进行标号判断,执行到 break 语句可以提前结束 switch 语句。

(6)多个 case 子句可共用同一语句(段)。

3. switch 语句的缩排

(1)为了使源程序具有良好的结构和可读性,switch 语句行下的“{”和“}”左对齐,且向右缩进 3~4 个字符,形成阶梯状。

(2)各 case 行本身左对齐。

(3)各 case 所属的语句(组)相对于 case 行,也要向右缩进 3~4 个字符,形成阶梯状,且它们也左对齐。如果 case 所属的语句(组)很简短,且跟在 case 行的后面,就不存在缩进问题。

【练习 2】使用 switch 将百分制成绩转换成五级制

<table>
<tr><td>练习 2</td><td>阅读分析输入一个百分制成绩转换为五级制成绩输出的 C 语言程序,明确程序各组成部分的功能和和 break 语句的用法</td></tr>
<tr><td>程序源代码</td><td><pre>#include<stdio.h>   /* 告诉编译器包含头文件 stdio.h */
main()   /* main()称为主函数 */
{   /* 程序执行开始 */
   int chengji;   /* chengji 为基本整型 */
   char dengji;   /* dengji 为字符型 */
   printf("输入一个成绩值:");
   scanf("%d",&chengji);
   switch(chengji/10)   /* 两个整数相除,结果为整数 */
   { case 10: dengji='A'; break;
     case 9 : dengji='A'; break;
     case 8 : dengji='B'; break;
     case 7 : dengji='C'; break;
     case 6 : dengji='D'; break;
     default : dengji='E';   }
     printf("成绩等级: %c\n",dengji);
     printf("制作人:XXX\n");
}   /* 程序执行结束 */</pre></td></tr>
</table>

表(续)

运行的结果	
疑问与收获	

注:百分制成绩转换为五级制成绩的原则是如果成绩大于等于 90,评为 A 等;否则大于等于 80,评为 B 等;否则大于等于 70,评为 C 等;否则大于等于 60,评为 D 等;否则评为 E 等。

二、switch 与 if 多分支的区别

让我们来了解一下 C 语言的 switch 语句与 if 语句的区别吧?

switch 结构与 else if 结构是多分支选择的两种形式。它们的应用环境不同:switch 结构用于单条件测试,从其多种结果中取一种的情形;if 语句多分支用于对多条件并列测试,从中取一的情形。

比如,上例中 switch 语句是根据单条件 chengji/10 的结果形成多分支选择,而 if 语句多分支是根据成绩值分别大于等于 90、大于等于 80、大于等于 70、大于等于 60 多条件并列测试形成多分支选择,具体形式如下:

```
if(chengji>=90)
      dengji='A';
else  if(chengji>=80)
             dengji='B';
        else  if(chengji>=70)
                        dengji='C';
               else if(chengji>=60)
                           dengji='D';
                     else  dengji='E';
```

三、break 语句的妙用

C 语言还提供了一种 break 语句,专用于跳出 switch 语句,break 语句只有关键字 break,没有参数。

因为 case 后面的常量表达式仅起语句标号作用,系统一旦找到入口标号,就从此标号开始向下执行,不再进行标号判断,没有遇到 break 语句就会一直向下执行,所有我们就会发现其实多个 case 子句可共用同一语句(段)。

例如:

```
switch(chengji/10)
{ case  10:  dengji='A'; break;
```

```
case  9 :  dengji='A'; break;
case  8 :  dengji='B'; break;
case  7 :  dengji='C'; break;
case  6 :  dengji='D'; break;
default :  dengji='E';        }
```

大家可以发现程序中 case 10: 和 case 9:后面的语句段是相同的,即都是“dengji='A'; break;”,这时我们就可以改写程序,使 case 10:和 case 9:可共用同一语句(段),具体形式为:

```
switch(chengji/10)
 { case  10:
   case  9 :  dengji='A'; break;
   case  8 :  dengji='B'; break;
   case  7 :  dengji='C'; break;
   case  6 :  dengji='D'; break;
   default :  dengji='E';        }
```

同时,大家要注意 break 语句不可以无故缺少,如果我们在编写程序时忘记了使用 break 语句,那么无论输入什么样的成绩值,结果成绩等级都会等于 E,大家可以上机尝试一下。具体形式为:

```
switch(chengji/10)
 { case  10:
   case  9 :  dengji='A';
   case  8 :  dengji='B';
   case  7 :  dengji='C';
   case  6 :  dengji='D';
   default :  dengji='E';        }
```

【练习 3】消费金额转换为实付金额输出

练习 3	阅读分析输入一个消费金额,将其转换成实付金额输出的 C 语言程序,明确程序各组成部分的功能和和多个 case 子句共用同一语句(段)的方法

程序源代码

```
#include<stdio.h>                    /* 告诉编译器包含头文件 stdio.h */
main()                               /* main()称为主函数 */
{                                    /* 程序执行开始 */
  float  P,d,f;                      /* 消费 P,折扣 d,实付 f 为单精度实型 */
  printf("输入消费金额:");
  scanf("%f", &P);
  switch((int)P/100)                 /* 强制将 P 值转换成整型 */
  { case  0:  d=0  ;break;
    case  1:
    case  2:
    case  3:  d=0.05;break;
    case  4:
    case  5:
    case  6:
    case  7:  d=0.1;break;
    case  8:
    case  9:  d=0.15;break;
    default:  d=0.2;
  }
  f=P*(1-d);
  printf("实付金额=%.2f\n", f);
  printf("制作人:XXX\n");
}              /* 程序执行结束 */
```

运行的结果	
疑问与收获	

让我们来了解一下此程序的编写思路。

某商场开展打折促销活动，消费大于等于 100 元，折扣为 5%；消费大于等于 400 元，折扣为 10%；消费大于等于 800 元，折扣为 15%；消费大于等于 1 000 元，折扣为 20%；本程序是将输入的消费金额转换成实付金额并输出，具体方法是将消费金额取整后除以 100，保留消费金额百位以上的数字，再根据其数字的大小得到折扣值，最后计算出实付金额。

【任务实施】

任务解析

在编程中，完成保底加提成的工资核算等实际问题是非常基础且常见的任务。为了完成这个任务，学习者可以将该任务分解为四个步骤来完成。

（1）输入数据：提示用户输入一名职员的本月所接订单的利润 profit（整数），这里需要使用 scanf 函数读取用户通过标准输入设备（键盘）输入的数据。

（2）计算提成金额：这通常是一个简单的乘法运算，即销售利润乘以提成比例，并将其存储到预先定义好的变量中，本任务中所接订单的利润 profit（整数）与利润提成的关系如下（计量单位：元），这里需要使用到 switch 语句。

profit <10000	没有提成
10000≤profit<20000	提成 5%
20000≤profit<50000	提成 10%
50000≤profit<100000	提成 15%
100000≤profit	提成 20%

（3）计算工资：工资构成为保底加提成，保底薪水为 5 000 元，将员工的保底工资与提成工资相加，得到总工资，并将其存储到预先定义好的变量中。

（4）输出结果：应该格式化输出工资金额，这里需要使用 printf 函数将结果输出到标准输出设备（显示器），对于工资金额应保留合适的小数位数，通常使用%.2f 或%.2lf 进行格式化输出。

注意事项：

（1）错误处理：尝试在程序中实现对可能出现的错误情况进行处理，即添加错误处理逻辑模块，以确保用户输入的数据是有效的。例如，可以检查输入是否为数字，销售利润 profit 是否为正数，提成比例是否在合理范围内等；在检测到错误时，程序应输出错误提示信息，并可能需要终止执行。

（2）代码测试：在完成编程后，应对代码进行测试，确保在各种情况下都能正确运行。可以使用不同的输入数据来验证程序的正确性，包括正数、负数、零和极端情况（如非常大的数或非常接近 0 的数）；如果发现问题，及时进行调试以修复错误。在以后得实际应用中，可以需要考虑更多的因素，如税收、福利扣除、更多的绩效指标等；如果需要处理多个员工，可以使用循环来迭代处理每个员工。

（3）用户界面：逐步改进、尝试设计出更易于交流使用的用户界面，使得用户可以轻松输入利润并查看结果；还可以考虑添加一些额外的功能，如历史记录等。

(4)文档和注释：逐渐养成为代码添加适当的注释的良好习惯，解释每个部分的功能和实现细节；尝试编写文档，说明程序的使用方法、输入格式、输出格式和注意事项，逐步形成个人独特的编程风格等。

做一做

团队成员共同完成上面知识链接的学习，经小组分工讨论，学生通过搜集 C 语言编程的相关资料、按照任务要求实施程序的编写、编辑与调试工作。完成后每个人需要填写任务工单，在收获一栏中注明本次任务是否能够独立完成，不能独立完成时得到的启发和帮助有哪些，在程序的编写、编辑与调试过程中有哪些收获，现在还存在哪些困惑，同时注意个人的程序书写是否规范，观察程序运行结果是否简洁、合理，最后按照自己在任务实施过程中的表现给自己评分，满分 20 分。

同时以小组为单位填写任务实施与评价表格，如表 6-1 所示。

表 6-1　任务实施与评价表

课程名称	C 语言程序设计	班级	
任务名称		学时	
组长		小组成员	
任务概述			
实施过程			
工作结果			
疑问收获			
小组自评			
教师评价			

在表中重点记录任务实施过程中每个人在团队中所做出的贡献，个人和团队在编写和调试程序过程中所遇到的困难及解决方案，同时按照每个人在任务实施过程中的参与度，经讨论后由组长给予评分，满分 30 分；最后由教师按照小组任务完成情况对小组进行评分，满分 50 分。

【知识拓展】

接下来让我们了解一下 switch 语句使用的注意事项吧！

一、switch 语句使用的注意事项

(1) switch 结构的执行部分是一个由一些 case 子结构与一个可缺省的 default 子结构组成的复合语句，要特别注意写清楚一对花括号。

(2) switch 后面的条件表达式一般是一个整数表达式(或字符表达式)，与之相应，case 后面应是一个整数或字符，也可以是不含变量与函数的常数表达式。例如：

```
case 3+4:
```

但不允许写为：

```
int x=3 , y=4;
switch (z)
{
case x+y:
```

(3) 一个 switch 结构中不可以出现两个 case 具有相同的常量表达式值。例如：

```
case 3+2:
case 8-3:
```

是不允许的。

(4) switch 结构允许嵌套。

(5) 用 switch 语句实现的多分支结构程序，完全可以用 if 语句和 if 语句的嵌套来实现。

(6) 在 case 后，允许有多个语句，可以不用{}括起来。

(7) default 子句可以省略不用。

二、良好的源程序书写风格——注释

必要的注释，非常有助于对程序的理解，可以有效地提高程序的可读性，从而提高程序的可维护性。现代程序设计非常重视注释的作用，所有的程序设计语言都提供注释功能就是一个明显的例证。

在 C 语言源程序中，注释可分为三种情况：一种是在函数体内对语句的注释；另一种是在函数之前对函数本身的注释；第三种是在源程序文件开始处，对整个程序的总体说明。

名言谚语

“一分耕耘，一分收获。”这句话的寓意是付出一份劳动就会得一分收益，无论成功与否，都是积累的过程，警示或劝诫人们要珍惜自己的付出，只有付出了足够的努力，才能获得相应的回报。这句话的深层含义是告诉人们要勤奋努力，不要轻易放弃，只有通过不断

的积累和努力,才能获得成功。常言道:“梅花香自苦寒来”,没有辛勤的耕耘就不会有丰富的收获。在生活工作中,看到别人取得收获的时候,“与其临渊羡鱼,不如退而结网”,思索自己该如何去做才能不负这大好时光,才能使自己的生命不致虚度,光阴易逝,如流水一去不复返。在《庄子·逍遥游》中有这样两句话:“水之积也不厚,则其负大舟也无力”“风之积也不厚,则其负大翼也无力”,这两句话形象、生动而又精辟地说明了厚积薄发这个真理。没有平日辛勤的劳动,没有充分的准备与积累,怎么能奢望取得成功呢!

【课后习题】

1. switch 语句中,case 标签后面必须跟着(　　)。

A. 空格　　B. 分号(;)　　C. 大括号({})　　D. 冒号(:)

2. switch 语句中的 default 标签的作用是(　　)。

A. 表示没有相匹配的 case 标签时的默认操作

B. 表示相匹配的 case 标签执行后要默认的后继操作

C. 表示第一个 case 标签没有匹配时的默认操作

D. 表示最后一个 case 标签没有匹配时的默认操作

3. switch 语句中,break 关键字的作用是(　　)。

A. 终止 switch 语句的执行

B. 终止当前 case 的执行并继续执行下一个 case

C. 跳过当前 case 并继续执行下一个 case

D. 没有作用

4. 下面程序的运行结果是(　　)。

```
#include <stdio.h>
main()
{ char class='\x43';
  switch(class)
  { case'A':printf("GREAT!");break;
    case'B':printf("GOOD!");break;
    case'C':printf("OK!");break;
    case'D':printf("NO!");break;
    default:printf("ERROR! \n");
  }
}
```

A. GREAT!　　B. GOOD!　　C. OK!　　D. NO!

5. switch 语句中,case 标签的值可以是字符串吗?(　　)

A. 可以

B. 不可以

C. 在 C89 标准中可以

D. 在 C99 标准中可以

6. 下列哪个选项不是 switch 后面括号内的合法表达式？(　　)

A. 整型变量　　B. 字符型变量　　C. 浮点型变量　　D. 枚举类型变量

7. switch 语句中，如果所有 case 标签的值都没有与表达式匹配，会执行哪个标签的代码块？(　　)

A. 执行第一个 case 标签的代码块

B. 执行最后一个 case 标签的代码块

C. 执行 default 标签的代码块

D. 随机执行一个 case 标签的代码块

8. 下列关于 switch 语句的说法中，哪一个是正确的？(　　)

A. switch 语句中只能有一个 default 标签

B. switch 语句中可以有多个 default 标签

C. switch 语句中不能有多个 case 标签使用同一个代码块

D. switch 语句中必须有一个 default 标签

9. switch 语句中，case 标签的值可以是变量吗？(　　)

A. 可以　　B. 不可以

C. 在 C89 标准中可以　　D. 在 C99 标准中可以

10. switch 语句的执行流程是怎样的？(　　)

A. 从数值最小的 case 标签开始匹配，直到找到匹配的标签为止

B. 从最后一个 case 标签开始匹配，直到找到匹配的标签为止

C. 随机选择一个 case 标签进行匹配

D. 按照 case 标签的顺序依次进行匹配，直到找到匹配的标签为止

11. 下面程序的运行结果是(　　)。

```
#include <stdio.h>
main()
{ int x=1,y=0;
  switch(x)
  { case 1 :
      switch(y)
      { case 0:printf("x=1  y=0 \n");break;
        case 1:printf("x=1  y=1 \n"); break;
      }
      break;
    case 2:printf("x=2  y=0 \n");
  }
}
```

A. x=1　y=1　　B. x=1　y=0

C. x=2　y=0　　D. x=2　y=1

12. 在 switch 语句中,case 标签的值必须是常量表达式吗?(　　)

A. 是的　　B. 不是

C. 在 C89 标准中不是　　D. 在 C99 标准中不是

13. switch 语句中,如果多个 case 标签的值相同,会执行哪个标签的代码块?(　　)

A. 执行第一个匹配的标签的代码块

B. 执行最后一个匹配的标签的代码块

C. 出现错误,无法执行

D. 执行所有相同值的标签的代码块

14. switch 语句中,case 标签后面的代码块可以省略哪些 break 关键字?(　　)

A. 所有 case 标签中都可以

B. 所有 case 标签中都不可以

C. 只有在最后一个 case 标签中可以

D. 只有在第一个 case 标签中可以

15. switch 语句中,case 标签的常量值不可以是什么类型?(　　)

A. 整型　　B. 浮点型　　C. 字符型　　D. 长整型

16. 如果有变量定义:float x; int a, b;则正确的 switch 语句是(　　)。

A.
```
switch(x)
{ case 1.0: printf("*\n");
  case3.0: printf("**\n"); }
```

B.
```
switch(x)
{ case 1.2: printf("*\n");
case 3   : printf("**\n"); }
```

C.
```
switch(a+b)
{ case 1   : printf("*\n");
case 2*a: printf("**\n"); }
```

D.
```
switch(a+b)
{ case 1: printf("*\n");
  case3+2: printf("**\n"); }
```

17. 在 switch 语句中,如果没有任何 case 标签与表达式的值匹配,并且没有 default 分支,则会发生(　　)。

A. 程序会崩溃

B. 程序会跳过 switch 语句继续执行

C. 程序会进入一个无限循环

D. 编译器会报错

18. 以下哪个表达式不能用作 switch 语句的条件？（　　）

A. char c2 = 'a'; switch(c2)

B. int x = 5; switch(x+3)

C. float f = 3.14; switch(f)

D. enum Color {RED,YELLOW,GREEN}; enum Color col = GREEN; switch(col)

19. switch 语句中，case 标签的值必须是唯一的吗？（　　）

A. 是的　　B. 不是

C. 在 C89 标准中不是　　D. 在 C99 标准中不是

20. 在 switch 语句中，如果想要多个 case 执行相同的代码块，应该（　　）。

A. 每个 case 后面都写相同的代码块

B. 使用 goto 语句跳转到同一个标签

C. 相邻时上面的 case 省略代码块，让控制流自动“落入”下一个 case

D. 以上都可以

任务 7　使用循环语句编程统计从键盘输入字符的个数

【任务导入】

统计从键盘输入字符的个数是一种常见的编程需求，可以在各种应用场景中提供有用的信息，比如在人们的日常工作学习生活中使用各种软件的时候，要输入密码验证正确后才能登录软件使用其各项功能，如果要求密码为 8 个字符，那么就可以通过字符的计数来检查用户输入的密码是否符合标准；在文本挖掘和数据分析中，对字符的计数也是一种基本操作，用于了解哪些字符更频繁地出现，或者分析不同类型字符的比例，这种分析可以用于文本清理、数据预处理或情感分析等任务；在某些平台应用中，会根据用户输入的字符个数和频率，为用户提供个性化的服务或推荐，推荐搜索要素或给出购买建议；在系统日志与用户行为分析中，对字符的计数和识别可以帮助理解用户如何与系统交互，或者识别出现的问题或异常行为。

【学习目标】

知识目标：

(1)能够阐述 C 语言中 while 语句的格式和应用方法；

(2)能够陈述 C 语言程序的结构化设计方法和编译方法；

(3)能够阐述 C 语言中 do-while 语句的格式和应用方法；

(4)能够概述在集成环境中进行程序编写、编译和调试的方法；

(5)能够阐述 C 语言中 for 语句的格式和应用方法。

能力目标：

(1)能够根据任务要求和 C 语言编程技巧完成程序设计；

(2)能够在 DEVCPP 集成开发环境下调试和运行 C 语言程序；

(3)能够根据任务需要查找相关资料，以获取新信息和新知识；

(4)能够阅读、分析和撰写程序设计文档资料；

(5)能够根据程序运行效果将程序代码设计逐步优化。

思政目标：

(1)具备良好的逻辑思维能力，能不断优化程序算法，勇于创新；

(2)具有精益求精的工匠精神，逐步养成简洁、高效的程序设计风格；

(3)具有良好的沟通能力和团队协作能力；

(4)遵守程序设计人员的职业道德准则和职业规范。

【任务工单】

任务名称	使用循环语句编程统计从键盘输入字符的个数	参考学时	4 学时
任务描述	经小组讨论,使用 C 语言循环语句编写程序,统计键盘输入一串字符的个数。设定输入回车表示输入结束。getchar( )函数的功能是从键盘读入一个字符		
程序设计			
运行结果			
任务收获			

让我们了解一下 C 语言中的循环语句吧！

循环结构是程序中一种很重要的结构。其特点是在给定条件成立时，反复执行某程序段，直到条件不成立为止。给定的条件称为循环条件，反复执行的程序段称为循环体。C 语言提供了三种循环控制语句，可以组成各种不同形式的循环结构。

【知识链接】

一、while 语句

让我们来了解一下 C 语言中 while 语句的形式吧？

1. 语句的基本形式

C 语言提供的第一种循环控制语句是 while 语句，其基本形式：

```
while(循环条件表达式)
    {循环体语句组;}
```

注：其中表达式是循环条件，语句组为循环体。表达式一般是关系表达或逻辑表达式，也可以是其他表达式，只要表达式的值为真(非 0)即可继续循环。如果循环体语句组仅由一条语句组成，可以不使用复合语句形式，即不加{ }。

while 语句的执行过程如图 7-1 所示，其语义是：

(1)求解循环条件表达式。如果其值为非 0，转向第(2)步，否则转向第(3)步。

(2)执行 while 语句中的循环体内嵌语句，然后转回第(1)步。

(3)执行 while 语句后面的语句。

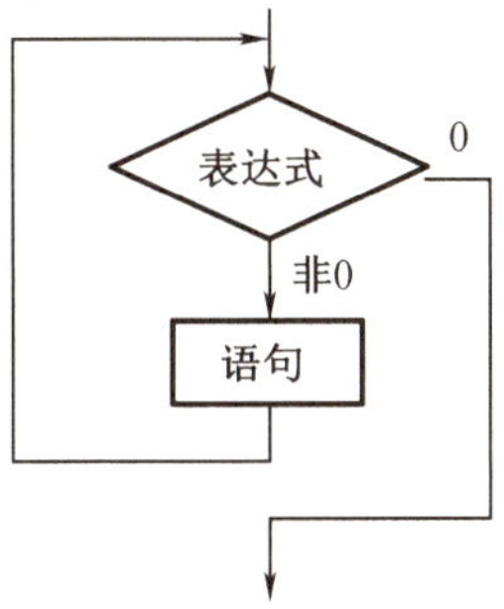

图 7-1　while 语句的执行过程

注：若求解循环条件表达式的结果永远为非 0，即永远为真，则将该循序称为无限循环或死循环。

例如：

```
while(1)
    {循环体语句组;}
```

2. 当循环求 1~100 累计和的算法

用程序流程图和 N-S 结构图表示 while 语句求 1~100 的累计和的算法，如图 7-2 所示。

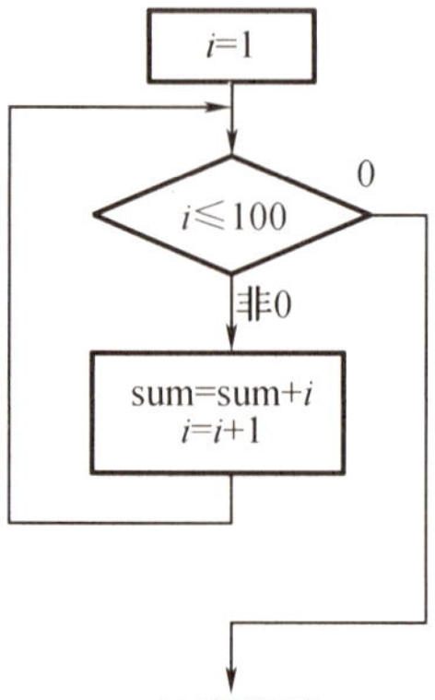

(a)流程图

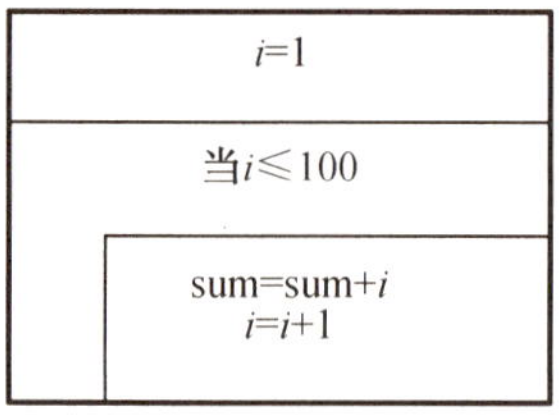

(b)N-S结构图

图 7-2　当循环求 1~100 的累计和的算法

【练习 1】用 while 语句求 1~100 累计和

练习 1	阅读分析求 1~100 累计和的 C 语言程序,明确程序各组成部分的功能和 while 语句的用法。

程序源代码	#include<stdio.h>　　/* 告诉编译器包含头文件 stdio.h */
	main()　　/* main()称为主函数 */
	{　　/* 程序执行开始 */
	int i=1,sum=0;　　/* 循环控制变量 i 和累加器 sum 为整型 */
	while(i<=100)　　/* 循环条件判断 101 次 */
	　{ sum+=i;　　/* 循环体语句执行 100 次,实现累加 */
	　　i++;　　/* 循环控制变量 i 增 1 */
	　}
	printf("sum=%d\n", sum);
	printf("制作人:XXX\n");
	}　　/* 程序执行结束 */

运行的结果	
疑问与收获	

二、do-while 语句

让我们来了解一下 C 语言中 do-while 语句的形式吧?

1. 语句的基本形式

C 语言提供的第二种循环控制语句是 do-while 语句,do-while 语句的特点是先执行循环体,然后判断循环条件是否成立,因此, do-while 循环至少要执行一次循环体语句组。其基本形式:

```
do{循环体语句组;
  }while(循环继续条件表达式);                /* 本行的分号不能缺省 */
```

do-while 语句的执行过程如图 7-3 所示,其语义是:

(1)执行循环体语句组。

(2)求解循环继续条件表达式。如果循环继续条件表达式的值为非 0(真),则转向第(1)步继续进行,否则,转向第(3)步。

(3)执行 do-while 下面的语句。

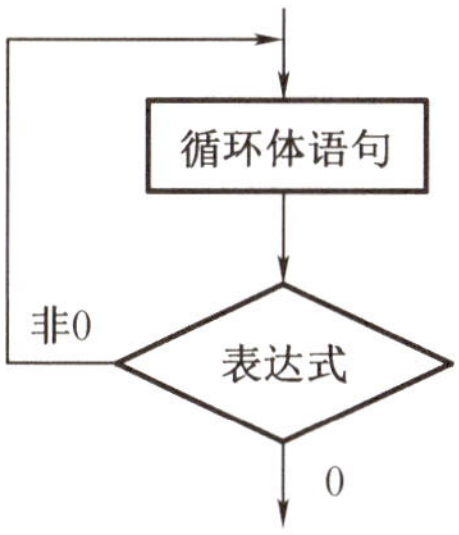

图 7-3　do-while 语句的执行过程

2. 直到循环求 1~100 累计和的算法

用程序流程图和 N-S 结构图表示用 do-while 语句求 1~100 的累计和的算法,如图 7-4 所示。

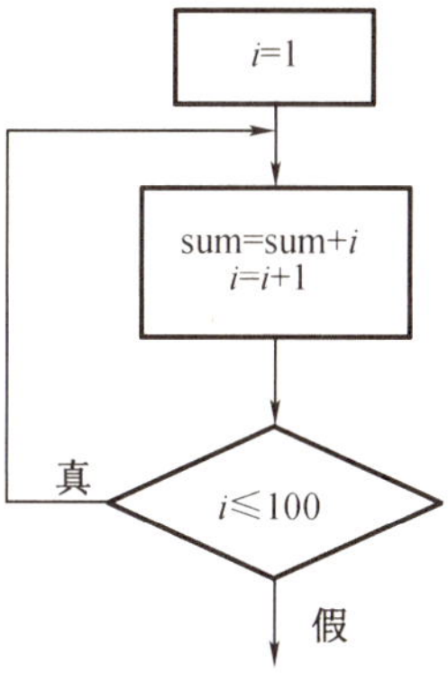

(a)流程图

图 7-4　直到循环求 1~100 的累计和的算法

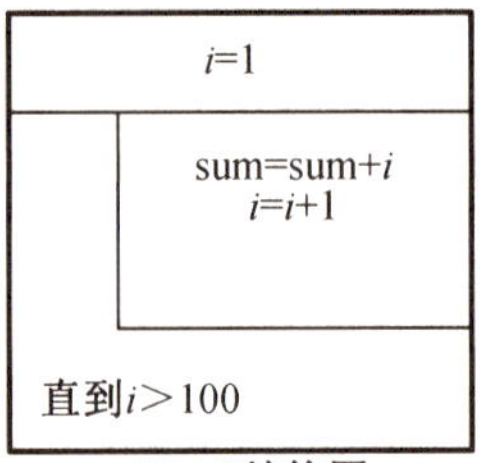

(b)N-S结构图

图 7-4(续)

【练习 2】用 do-while 语句求 1～100 累计和

练习 2	阅读分析求 1～100 累计和的 C 语言程序,明确程序各组成部分的功能和 do-while 语句的用法

程序源代码	#include<stdio.h> /* 告诉编译器包含头文件 stdio.h */
	main() /* main()称为主函数 */
	{ /* 程序执行开始 */
	  int i=1,sum=0; /* 循环控制变量 i 和累加器 sum 为整型 */
	  do { sum+=i; /* 循环体语句执行 100 次,实现累加 */
	      i++; /* 循环控制变量 i 增 1 */
	      } while(i<=100); /* 循环条件判断 100 次 */
	  printf("sum=%d\n",sum);
	  printf("制作人:XXX\n");
	} /* 程序执行结束 */

运行的结果	
疑问与收获	

3. while 语句和 do-while 循环的区别

通过上机运行使用 while 语句和使用 do-while 语句求解 1~100 的累计和的程序，大家会发现两个程序的运行结果是一样的，结果都是 sum=5050，差异在于 while 语句的循环条件表达式计算了 101 次，而 do-while 语句的循环条件表达式计算了 100 次，但是求解结果并没有差别。

那么，什么时候使用循环语句 do-while 与 while 求解问题会出现差别呢？结论是当第一次循环条件判断就为假的时候，这时结果一般会出现差异，因为 do-while 的循环体语句组会被执行一次，而 while 的循环体语句组不会被执行。

例如：

(1)
```
int i=1,sum=0;
while(i<=0)
    { sum+=i;
      i++; }
```
结果：sum=0,i=1

(2)
```
int i=1,sum=0;
do  { sum+=i;
      i++;
    } while(i<=0);
```
结果：sum=1 ,i=2

三、for 语句

让我们来了解一下 C 语言中 for 语句的形式吧？

1. 语句的基本形式

C 语言提供的第三种循环控制语句是 for 语句，在三条循环语句中 for 语句最为灵活，是最为常用的循环语句。其基本形式：

```
for(表达式 1;表达式 2;表达式 3)
   {循环体语句组;}
```

与 for 语句基本形式对应的 while 循环语句的形式为：

```
表达式 1;
while(表达式 2)
   {语句
   表达式 3;
   }
```

for 语句的执行过程如图 7-5 所示，其语义是：

(1)先求解表达式 1。

(2)求解表达式 2。如果其值非 0(逻辑真)，则执行 for 语句中指定的循环体内嵌语句组，然后执行下面的第(3)步；否则，for 语句结束转至第(4)步。

(3)求解表达式 3，然后转回第(2)步执行。

(4)循环结束，执行 for 语句下面的一个语句。

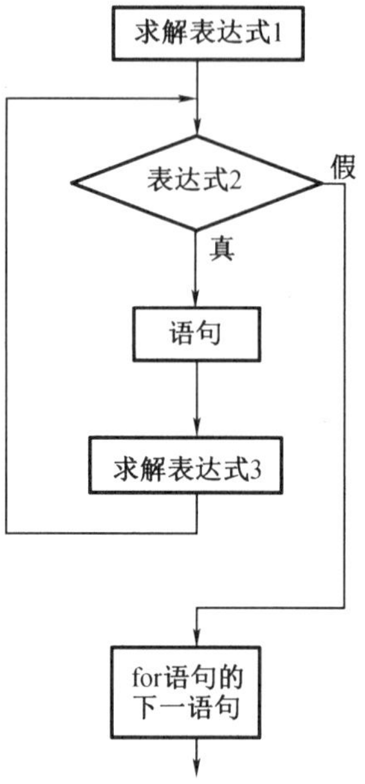

图 7-5 for 语句的执行过程

for 语句最简单的应用形式、也是最容易理解的形式如下：

```
for(循环变量赋初值;循环条件表达式;循环变量增值)
    {循环体语句组;}
```

循环变量赋初值总是一个赋值语句，它是用来给循环控制变量赋初值；循环条件表达式一般是关系表达式和逻辑表达式，它决定什么时候退出循环；循环变量增值定义循环控制变量每循环一次后按什么方式变化；这三个部分之间用"；"分开。"循环变量赋初值"表达式只求解一次，而"循环条件表达式""循环变量增值"和循环体语句组则要执行若干次，具体次数由"循环条件达式"来决定。

例如：

```
for(i=1; i<=100; i++)
sum=sum+i;
```

先给 i 赋初值 1，判断 i 是否小于等于 100，若结果为真则执行语句"sum=sum+i;"，之后 i 值增加 1；再重新判断，直到条件为假，即 i>100 时，结束循环。

2. 语句使用的注意事项

(1) for 循环中的"表达式 1(循环变量赋初值)""表达式 2(循环条件表达式)"和"表达式 3(循环变量增量)"都是选择项，即可以缺省，但"；"不能缺省。

(2) 省略了"表达式 1(循环变量赋初值)"，表示不对循环控制变量赋初值。

(3) 省略了"表达式 2(循环条件表达式)"，则 for 语句成为死循环(无限循环)。

例如：

```
for(i=1;;i++)  sum=sum+i;
```

相当于：

```
i=1;
while(1)
   {sum=sum+i;
```

```
   i++;}
```

(4)省略了“表达式3(循环变量增量)”，则不对循环控制变量增减进行操作,这时可在语句体中加入修改循环控制变量的语句。

例如:

```
for(i=1;i<=100;)
    {sum=sum+i;
    i++; }
```

(5)省略了“表达式1(循环变量赋初值)”和“表达式3(循环变量增量)”。

例如:

```
for(;i<=100;)
     {sum=sum+i;
     i++;}
```

相当于:

```
i=1;
while(i<=100)
 {sum=sum+i;
 i++;}
```

(6)3个表达式都可以省略，则for语句成为死循环(无限循环)。

例如:

```
for(;;)  语句
```

相当于:

```
while(1)  语句
```

(7)表达式1可以是设置循环变量的初值的赋值表达式,也可以是其他表达式。

例如:

```
for(i=1;i<=100;i++)  sum+=i;               /*有关的赋值表达式*/
for(sum=0;i<=100;i++)sum+=i;               /*无关的表达式(i在for之前赋值)*/
```

(8)表达式1和表达式3可以是一个简单表达式,也可以是逗号表达式。

```
for(sum=0,i=1;i<=100;i++)  sum+=i;        /*逗号表达式*/
```

或:

```
for(sum=0,i=1;i<=100; sum=sum+i,i++);     /*逗号表达式*/
```

(9)表达式2一般是关系表达式或逻辑表达式,但也可是数值表达式或字符表达式,只要其值为非0,就执行循环体。

例如:

```
for(i=0;(c=getchar())!='\n';i+=1);  表示求解输入字符的个数。
```

又如:

```
for( ;1 ; );  表示无限循环。
```

(10)当循环体语句组仅由一条语句构成时,可以不使用复合语句形式。

【练习3】用 for 语句求 1~100 累计和

练习3	阅读分析求 1~100 累计和的 C 语言程序，明确程序各组成部分的功能和 for 语句的用法

程序源代码	#include<stdio.h>　　/* 告诉编译器包含头文件 stdio.h */
	main()　　/* main()称为主函数 */
	{　　/* 程序执行开始 */
	int i=1,sum=0;　　/* 循环控制变量 i 和累加器 sum 为整型 */
	for(i=1;i<=100;i++)　　/* 循环变量赋初值;循环条件;循环变量增值 */
	sum+=i;　　/* 循环体语句执行 100 次,实现累加 */
	printf ("sum=%d\n",sum);
	printf("制作人:XXX\n");
	}　　/* 程序执行结束 */

运行的结果	
疑问与收获	

【任务实施】

任务解析

在编程中，完成统计从键盘输入字符个数等实际问题是非常基础且常见的任务。为了完成这个任务，学习者可以将该任务分解为四个步骤来完成。

(1)输入字符：提示用户输入一串字符，以回车符作为结束；这里需要使用 getchar 函数读取用户通过标准输入设备(键盘)输入的数据，每次读取一个字符。

(2)统计字符个数：通常是在读取到每个字符时，将之前预先定义好的字符计数器变量值(初值为0)加1；这个过程应该在每次调用 getchar 之后进行，以确保每个字符都被正确计数；这里需要使用循环语句 for、while 或者 do...while。

(3)完成统计：当 getchar 函数读取到回车符时，表示用户已经完成了输入，此时可以停止计数。

(4)输出结果:应该格式化输出统计数值,这里需要使用 printf 函数将结果输出到标准输出设备(显示器),即将字符的总数显示到屏幕上,这样用户就可以看到他们输入了多少个字符。

注意事项:

(1)错误处理:尝试在程序中实现对可能出现的错误情况进行处理,即添加错误处理逻辑模块,以确保用户输入的数据是有效的;例如,输入缓冲区的清空、非法字符的处理等;在检测到错误时,程序应输出错误提示信息,并可能需要重新输入或者终止执行。

(2)代码测试:在完成编程后,应对代码进行测试,确保在各种情况下都能正确运行;可以使用不同的输入字符串来验证程序的正确性,字符串中可以包括字母、数字和标点等符号;如果发现问题,及时进行调试以修复错误。

(3)用户界面:逐步改进、尝试设计出更易于交流使用的用户界面,使得用户可以轻松输入字符串并查看结果;还可以考虑添加一些额外的功能,如历史记录等。

(4)文档和注释:逐渐养成为代码添加适当注释的良好习惯,解释每个部分的功能和实现细节;尝试编写文档,说明程序的使用方法、输入格式、输出格式和注意事项,逐步形成个人独特的编程风格等。

做一做

团队成员共同完成上面知识链接的学习,经小组分工讨论,学生通过搜集 C 语言编程的相关资料、按照任务要求实施程序的编写、编辑与调试工作。完成后每个人需要填写任务工单,在收获一栏中注明本次任务是否能够独立完成,不能独立完成时得到的启发和帮助有哪些,在程序的编写、编辑与调试过程中有哪些收获,现在还存在哪些困惑,同时注意个人的程序书写是否规范,观察程序运行结果是否简洁、合理,最后按照自己在任务实施过程中的表现给自己评分,满分 20 分。

同时以小组为单位填写任务实施与评价表格,如表 7-1 所示。

表 7-1　任务实施与评价表

<table>
<tr><td>课程名称</td><td colspan="3">C 语言程序设计</td><td>班级</td><td></td></tr>
<tr><td>任务名称</td><td colspan="3"></td><td>学时</td><td></td></tr>
<tr><td>组长</td><td></td><td>小组成员</td><td colspan="3"></td></tr>
<tr><td>任务
概述</td><td colspan="5"></td></tr>
</table>

表 7-1(续)

实施 过程	
工作 结果	
疑问 收获	
小组 自评	
教师 评价	

在表中重点记录任务实施过程中每个人在团队中所做出的贡献,个人和团队在编写和调试程序过程中所遇到的困难及解决方案,同时按照每个人在任务实施过程中的参与度,经讨论后由组长给予评分,满分 30 分;最后由教师按照小组任务完成情况对小组进行评分,满分 50 分。

【知识拓展】

接下来让我们了解一下 goto 语句吧!

一、循环结构

循环结构是程序中一种很重要的结构,其特点是在给定条件成立时,反复执行某程序段,直到条件不成立为止。给定的条件称为循环条件,反复执行的程序段称为循环体。在 C 语言中可用以下语句实现循环:

① for 语句

② do-while 语句

③ while 语句

④ goto 语句和 if 语句

在 C 语言的编程应用中,goto 语句由于其自身的过于灵活性和随意性,已经很少被提及和使用;从功能上说,for 语句可完全代替当型循环语句 while,所以 while 语句的使用频率也并不高。

二、goto 语句

goto 语句是一种无条件转移语句, 与 BASIC 中的 goto 语句相似。goto 语句是一个特别的语句,在大部分高级语言中已被取消了。C 语言中虽然保留了 goto 语句,但是建议在程序中最好不用。其基本格式为:

```
goto  语句标号;
```

其中标号是一个有效的标识符,这个标识符加上一个":"一起出现在函数内某处, 执行 goto 语句会强制中断执行本语句后面的语句,跳转到标号标识的语句处继续执行程序。

另外标号必须与 goto 语句同处于一个函数中,但可以不在一个循环层中。通常 goto 语句与 if 条件语句连用, 当满足某一条件时, 程序跳到标号处运行。

goto 语句通常不用, 因为,goto 语句会破坏结构化设计中的三种基本结构,给阅读和理解程序带来困难,它常常使程序层次不清,但在多层嵌套退出时, 用 goto 语句则比较合适。

例如,使用 goto 语句和 if 语句实现求解 1~100 的累加和。

直到循环:

```
main()
{  int i=1,sum=0;
   loop: sum+=i;
   i++;
   if(i <=100)    goto  loop;
   printf("sum=%d\n", sum);
```

```
}
```

当循环：

```
main()
{  int i=1,sum=0;
   loop:  if(i<=100)
          { sum+=i;
            i++;
            goto loop;
          }
   printf("sum=%d\n", sum);
}
```

程序中，“loop:”为语句标号(格式为“标号:语句”)，其命名遵循标识符命名规则。结构化程序设计方法主张限制使用 goto 语句，因为滥用 goto 语句将会导致程序结构无规律且可读性差。

名言谚语

“不积跬步，无以至千里；不积小流，无以成江海。”——荀子。这句话的意思是说不积累一步半步的行程，就没有办法达到千里之远；不积累细小的流水，就没有办法汇成江河大海。这句话阐明了积少成多的道理，比喻生动形象，指出无论是在学习、工作还是生活中，只有通过不断的积累和努力，才能够取得长足的进步和成功，千万不可拔苗助长；以后大家在学习一门新技能时，一定要记住不断地实践练习、积累经验，才能够最终掌握好这门技能，大家的专业本领才会得到提升。这句话出自战国时期思想家、文学家荀子的《劝学》，该文章较为系统地论述了学习的理论和方法，分别从学习的重要性、学习的态度以及学习的内容和方法等方面，全面而深刻地论说了有关学习的问题。

【课后习题】

1. 程序段如下，则以下说法中正确的是(　　)。

```
int k=20;
while (k=0) k=k+1;
```

A. while 循环执行 20 次　　B. 循环是无限循环

C. 循环体语句一次也不执行　　D. 循环体语句执行一次

2. 程序段如下，则正确的执行结果是(　　)。

```
int x=3;
do
{ printf("%3d",x-=2); }while(x++);
```

A. 1　0　　B. 3 3　　C. 3　0　　D. 死循环

3. 程序段如下，则正确的执行结果是(　　)。

```
intx=1;
while(x++<=2); printf("last=%d\n",x);
```

A. 2　　B. 3　　C. 4　　D. 5

4. 执行下面的程序段后，a 的值为(　　)。

```
int a,b;
for(a=1,b=1;a<=10;a++)
  { if(b>=20) break;
    if(b%3==1)
      { b+=3; continue; }
    b-=2;
  }
```

A. 7　　B. 8　　C. 9　　D. 10

5. 程序段如下，则正确的执行结果是(　　)。

```
int k=0;
while(k++<=2) printf("%d\n",k);
```

A.	B.	C.	D.
1	2	0	无结果
2	3	1	
3	4	2	

6. 若 i,j 已定义为 int 型，则以下程序段中循环体总的执行次数是(　　)。

```
for(i=5; i>=0; i--)
for(j=0; j<=4; j++)
{.....   }
```

A. 20　　B. 24　　C. 25　　D. 30

7. 程序如下，则正确的执行结果是(　　)。

```
#include <stdio.h>
main()
{ int n=0;
  while(n++<=1)  printf("%d ",n);
  printf("%d\n",n); }
```

A. 1　2　3　　B. 0　1　2　　C. 1　1　2　　D. 1　2　2

8. 下列程序的输出结果为(　　)。

```
#include<stdio.h>
main()
{   int i=0,j=10,k=2,s=0;
    for(;;)
    {   i+=k;
        if(i>j) { printf("%d\n",s); break; }
        s+= i;
    }
}
```

A. 12　　B. 20　　C. 30　　D. 36

9. 在C语言的for,while,do-while语句中,用于直接中断最内层循环的语句是(　　)。

A. switch　　B. continue　　C. break　　D. if

10. 定义如下变量:int n=10; ,则下列循环的输出结果是(　　)。

```
while(n>7){ n--; printf("%d\n",n); }
```

A.	B.	C.	D.
10	9	8	7
9	8	7	6
8	7	6	5

11. 下述程序的输出结果为(　　)。

```
#include<stdio.h>
main()
{  int y=10;
   while(y--);
   printf("y=%d",y);
}
```

A. y=0　　B. y=1　　C. y=随机值　　D. y=-1

12. 以下程序的输出结果是(　　)。

```
#include<stdio.h>
main()
{  int i;
   for(i=1;i<5;i++)
   {  if(i%2) putchar('<');
      else continue;
      putchar('>');
   }
   putchar('#');
}
```

A. <><><>#　　B. ><><><#　　C. <><>#　　D. ><><#

13. 当输入为"cuert?"时,下面程序的执行结果是(　　)。

```
#include <stdio.h>
void main()
{  char c;
   c=getchar();
   while((c=getchar())!='?') putchar(++c);
}
```

A. cuert　　B. vfsu　　C. cuert?　　D. dvfsu?

14. 以下程序执行时从第一列开始输入以下数据:u<回车>w<回车>xst<回车>,程序相应的输出内容是(　　)。

```
#include<stdio.h>
main()
```

```
{ int i; char c;
  for(i=0;i<=5;i++)
  { c=getchar(); putchar(c); }
}
```

A. uwxst　　B. u
w
x　　C. u
w
xs　　D. u
w
xst

15. 下面的循环结构中，哪一个不是无限循环？(　　)

A. for(y=1; ;y++)　printf("%d",y--);

B. y=1; while(y--) { printf("%d",y++);}

C. y=1; do{ printf("%d",y); y++; } while(--y);

D. for(y=0;y;y++) printf("%d",y);

16. 下面程序执行后的输出结果为(　　)。

```
#include<stdio.h>
main()
{ char ch; int s=0;
  for(ch='A';ch<='Z';++ch)
    if(ch%2==0) s++;
  printf("%d",s);
}
```

A. 13　　B. 12　　C. 26　　D. 24

17. 下列程序段不能实现阶乘 8！(结果存放在 x 中)的是(　　)。

A. x=1; for(I=1; I<9; I++)　x=x*I;

B. x=2; for(I=8; I>3; I--)　x=x*I;

C. x=1; I=1;　while(I<9)　x=x*I++;

D. x=1; I=8; do{ x=x*I--; } while(I>1)

18. 下面程序执行后的输出结果为(　　)。

```
#include <stdio.h>
main()
{ int i,n,k;
  n=15496; k=2;
  for(i=1;i<=k;++i)  n=n/10;
  n=n%10;
  printf("%d",n);
}
```

A. 9　　B. 6　　C. 4　　D. 1

19. 语句 while(! e==1);什么时候将会陷入死循环？(　　)

A. e=0　　B. e=1　　C. e=2　　D. e=-1

20. 以下程序的输出结果为(　　)。

```
#include<stdio.h>
main()
{  int i;
   for(i=1;i<=5;++i)
   {  if(i%2)  printf("*");
      else continue;
      printf("#");
   }
   printf("$");
}
```

A. *#*#*#$　　B. #*#*#*$　　C. *#*#$　　D. #*#*$

任务 8　使用循环嵌套编程计算 1！+2！+3！+4！+5！

【任务导入】

阶乘在很多领域都有应用，比如在统计学中阶乘常常用于计算排列组合的数量，统计出某一问题所有可能结果的数量；在物理学中，阶乘被用于计算量子力学中的态叠加；在计算机科学中，阶乘被用于算法设计，例如快速排序和二分查找；在经济学中，阶乘被用于计算复利，假设如果有人对某个项目投资了一定的金额，并且每年都会获得一定的回报，那么经过一段时间后，他的投资回报会与阶乘有一定的关联性；尤其是在数学教育中，阶乘是学习排列组合和概率论的重要工具，通过阶乘的概念可以使学生更好地理解组合数和排列数的计算方法，以及它们在概率论中的应用。

【学习目标】

知识目标：

(1)能够阐述 C 语言中 break 语句的使用方法；

(2)能够陈述 C 语言程序的结构化设计方法和编译方法；

(3)能够阐述 C 语言中 continue 语句的使用方法；

(4)能够概述在集成环境中进行程序编写、编译和调试的方法；

(5)能够说明 C 语言中循环控制语句的嵌套使用方法。

能力目标：

(1)能够根据任务要求和 C 语言编程技巧完成程序设计；

(2)能够在 DEVCPP 集成开发环境下调试和运行 C 语言程序；

(3)能够根据任务需要查找相关资料，以获取新信息和新知识；

(4)能够阅读、分析和撰写程序设计文档资料；

(5)能够根据程序运行效果将程序代码设计逐步优化。

思政目标：

(1)善于发现问题、分析问题、解决问题，具备独立思考精神；

(2)具有精益求精的工匠精神，逐步养成简洁、高效的程序设计风格；

(3)具有良好的沟通能力和团队协作能力；

(4)遵守程序设计人员的职业道德准则和职业规范。

【任务工单】

任务名称	使用循环嵌套编程计算 1! +2! +3! +4! +5!	参考学时	4 学时
任务描述	经小组讨论,使用 C 语言循环语句嵌套编写程序,求 1! +2! +3! +4! +5! 的累加和,其中阶乘 4! =4 * 3 * 2 * 1		
程序设计			
运行结果			
任务收获			

让我们了解一下 C 语言中循环语句的嵌套吧！

【知识链接】

一、循环语句的嵌套

若循环语句中的循环体内又完整地包含另一个或多个循环语句，称为循环结构嵌套。前面介绍的三种循环语句 while、do-while、for 都可以相互嵌套。循环的嵌套可以多层，但每一层循环在逻辑上必须是完整的。

让我们来了解一下二层循环结构嵌套吧？

1. 二层循环结构嵌套

二层循环结构嵌套（又称二重循环）结构如下：

```
for( ; ; )                            /* for 循环称为外循环 */
 {
 语句段 1;
 while ( )                            /* while 循环称为内循环 */
   {
     循环体语句组;
                                      /* for 循环中嵌套一个 while 循环 */
   }
 语句段 2;
 }
```

2. 二层循环控制变量之间的数值关系

输出图形如图 8-1 所示。

```
          @
         @ @ @
        @ @ @ @ @
       @ @ @ @ @ @ @
      @ @ @ @ @ @ @ @ @
```

图 8-1　输出图形

对输出以上图形做如下分析：

第一行输出 10 个空格，1 个@

第二行输出 9 个空格 ，3 个@

第三行输出 8 个空格 ，5 个@

第四行输出 7 个空格 ，7 个@

第五行输出 6 个空格 ，9 个@

那么,二层循环程序段如下:

```
int i , j , k;                 /* 循环控制变量 i、j 和 k 为基本整型 * /
for(i=1;i<=5;i++)              /* 外循环控制变量 i,控制输出 5 行 * /
{
for(j=10;j>=i; j--)            /* 内循环控制变量 j,控制输出空格的个数 * /
      printf("  ");            /* 打印一个空格 * /
for(k=1;k<=2 * i-1;k++)        /* 内循环控制变量 k,控制输出"@ "的个数 * /
      printf("@ ");
printf("\n");       }
```

在这里,第 i 行与控制输出该行"@"个数变量 k 之间的数值关系是 k=2 * i-1。

【练习 1】在屏幕上输出下三角九九乘法表

练习 1	阅读分析在屏幕上输出下三角九九乘法表的 C 语言程序,明确程序各组成部分的功能和循环语句嵌套的使用方法。

程序源代码	<pre>#include<stdio.h> /* 告诉编译器包含头文件 stdio.h * /
	main() /* main()称为主函数 * /
	{ /* 程序执行开始 * /
	  int i=1,sum=0;
	  int i , j ; /* 循环控制变量 i 和 j 为基本整型 * /
	  for(i=1; i<=9; i++)
	    {for(j=1; j<=i; j++)
	        printf("% d * % d=% d ", i ,j ,i * j);
	      printf("\n");
	    }
	  printf("制作人:XXX\n");
	} /* 程序执行结束 * /</pre>

运行的结果	
疑问与收获	

二、continue 语句和 break 语句

让我们来了解一下 C 语言中的 continue 语句吧?

1. continue 语句

continue 语句只用在 for、while、do-while 等循环语句中。continue 语句的作用是跳过循环体中剩余的语句而强行执行下一次循环。continue 语句常与 if 条件语句一起使用,用来加速循环。其基本形式:

```
continue;
```

continue 语句的执行过程如图 8-2 所示,其语义是:

(1)对于 for 循环,跳过循环体其余语句,转向循环变量增量表达式的计算;

(2)对于 while 和 do-while 循环,跳过循环体其余语句,转向循环条件表达式的判定。

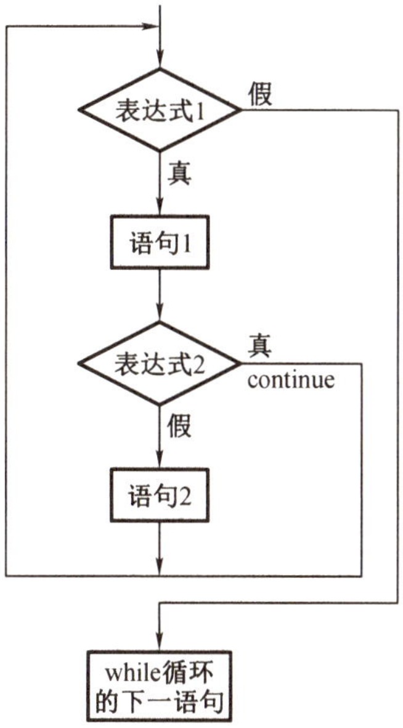

图 8-2　continue 语句的执行过程

例如:

```
while(表达式 1)
{
  语句 1;
  if(表达式 2)
  continue;
  语句 2;
}
```

【练习 2】统计 100~150 之间能被 3 整除的数据

练习 2	阅读分析统计 100~150 之间能被 3 整除的数据的 C 语言程序，明确程序各组成部分的功能和 continue 语句的用法

程序源代码	#include<stdio.h>　　/* 告诉编译器包含头文件 stdio.h */
	main()　　/* main()称为主函数 */
	{　　/* 程序执行开始 */
	int n;　　/* 循环控制变量 n 为基本整型 */
	for (n=100;n<=150;n++)
	　if (n%3! =0)
	　　continue ;　　/* n 不能被 3 整除，执行 continue */
	　else
	　　printf ("%5d", n);
	printf("制作人:XXX\n");
	}　　/* 程序执行结束 */

运行的结果	
疑问与收获	

让我们来了解一下 C 语言的 break 语句吧！

2. break 语句

break 语句通常用在循环语句和开关语句中。当 break 句用于 do-while、for、while 循环语句中时,可使程序终止循环而执行循环语句后面的语句, 通常 break 语句总是与 if 语句一起使用,即满足条件时便跳出循环。在练习 2 的程序中如果没有 break 语句,则程序将陷入一个死循环而无法退出。其基本形式:

```
break;
```

break 语句的执行过程如图 8-3 所示,其语义是:强行结束循环,转向循环语句下面的语句。

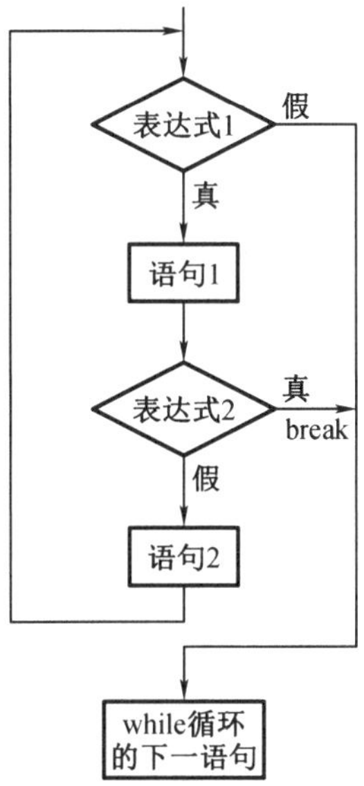

图 8-3　break 语句的执行过程

例如:

```
while(表达式1)
{
  语句1;
  if(表达式2)
    break;
  语句2;
}
```

3. break 语句使用的注意事项

(1)在多层循环中, 一个 break 语句只向外跳一层,即只影响包含它的最内层循环,与外层循环无关。

(2)break 语句对 if-else 的条件语句不起作用。

(3)break 语句既能用于循环语句又能用于 switch 语句中。当 break 语句用于开关语句 switch 中时,可使程序跳出 switch 语句而执行 switch 以后的语句;当 break 语句句用于循环语句中时, 可使程序跳出循环语句而执行循环语句后面的语句。

【练习 3】计算两个正整数的最大公约数

<table>
<tr><td>练习 3</td><td>阅读分析输入两个正整数,计算并输出它们最大公约数的 C 语言程序,明确程序各组成部分的功能和 break 语句的用法</td></tr>
<tr><td>程序源代码</td><td><pre>
#include<stdio.h>   /* 告诉编译器包含头文件 stdio.h */
main()   /* main()称为主函数 */
{   /* 程序执行开始 */
    int m,n,r;   /* 变量 m,n 和 r 为基本整型 */
    scanf("%d %d", &m,&n);
    if (m<n)
      { r=m;m=n;n=r ; }
    while (1)   /* 这是一个“死循环”的循环结构 */
      { r=m%n ;   /* 辗转相除余数为 0 时则 n 是最大公约数 */
        if (r==0)
           break ;   /* 余数为 0 时结束整个循环 */
        else
          {m=n ; n=r ;}   /* 小的赋值给大的,余数赋值给小的 */
      }
    printf("最大公约数是%d\n", n);
    printf("制作人:XXX\n");
}   /* 程序执行结束 */
</pre></td></tr>
<tr><td>运行的结果</td><td></td></tr>
<tr><td>疑问与收获</td><td></td></tr>
</table>

4. 两条语句的区别

(1)continue 语句只结束本次循环,而不是终止整个循环的执行。

(2)break 语句是结束整个循环过程,不再判断执行循环的条件是否成立。

(3)break 既能用于循环语句又能用于 switch 语句中,但 continue 只能用于循环语句中。

【任务实施】

任务解析

在编程中,完成 1! +2! +3! +4! +5! 的阶乘累加和求解等数学问题是非常基础且常见的任务。为了完成这个任务,学习者可以将该任务分解为四个步骤来完成。

(1)初始化变量:定义三个变量,一个变量用于存储当前的阶乘值,初始化为 1;一个变量用于存储累加和,初始化为 0;一个循环变量用于控制循环次数,用于迭代从 1 到 5 的数字。

(2)计算阶乘:在一个循环中,从 1 开始迭代到 5(包括 5),在每次迭代中将当前的阶乘值乘以循环变量,以更新阶乘变量值;这里需要使用循环语句 for、while 或者 do... while。在这里 5! 表示 5 的阶乘,即 $5\times4\times3\times2\times1$,计算一下可得:$5!=1\times2\times3\times4\times5=120$,因此 5! =120。

(3)累加阶乘:将当前的阶乘值加到累加和变量中。

(4)输出结果:应该格式化输出统计数值,这里需要使用 printf 函数将结果输出到标准输出设备(显示器),即将阶乘累加和的值显示到屏幕上,这样用户就可以看到 1! +2! +3! +4! +5! 的结果。

注意事项:养成为代码添加适当的注释的良好习惯,解释每个部分的功能和实现细节;尝试编写文档,说明程序的使用方法、输入格式、输出格式和注意事项,逐步形成个人独特的编程风格等。

做一做

团队成员共同完成上面知识链接的学习,经小组分工讨论,学生通过搜集 C 语言编程的相关资料、按照任务要求实施程序的编写、编辑与调试工作。完成后每个人需要填写任务工单,在收获一栏中注明本次任务是否能够独立完成,不能独立完成时得到的启发和帮助有哪些,在程序的编写、编辑与调试过程中有哪些收获,现在还存在哪些困惑,同时注意个人的程序书写是否规范,观察程序运行结果是否简洁、合理,最后按照自己在任务实施过程中的表现给自己评分,满分 20 分。

同时以小组为单位填写任务实施与评价表格,如表 8-1 所示。

表 8-1　任务实施与评价表

课程名称	C 语言程序设计		班级	
任务名称			学时	
组长		小组成员		
任务概述				
实施过程				
工作结果				
疑问收获				
小组自评				
教师评价				

在表中重点记录任务实施过程中每个人在团队中所做出的贡献，个人和团队在编写和调试程序过程中所遇到的困难及解决方案，同时按照每个人在任务实施过程中的参与度，经讨论后由组长给予评分，满分 30 分；最后由教师按照小组任务完成情况对小组进行评分，满分 50 分。

【知识拓展】

接下来让我们了解以下三种循环语句的用法区别吧！

一、三种循环语句的比较

C 语言中主要有三种循环控制语句，即 for 语句、do-while 语句和 while 语句。

(1)三种循环语句都可以用来处理同一个问题，一般可以互相代替，但不提倡使用 goto 语句与 if 语句的结合来控制循环。

(2)while 和 do-while 循环，循环体中应包括使循环趋于结束的控制变量增减语句，这样看来 for 语句的功能最强。

(3)用 while 和 do-while 循环时，循环变量初始化的操作应在 while 和 do-while 语句之前完成，而 for 语句可以在表达式 1 中实现循环变量的初始化。

二、穷举算法

在循环算法中，穷举是最具有代表性的基本算法。穷举的基本思想是：对问题的所有可能状态一一测试，直到找到解或将全部可能状态都测试过为止。

穷举是一种重复型算法，重复操作(循环体)的核心是一次测试。循环控制有两种办法：计数法与标志法。计数法要先确定循环次数，然后逐次测试，完成测试次数后循环结束。标志法是达到某一目标后，循环结束。究竟使用哪一种方法来控制循环结构结束，应视具体情况而定。

计数法使用起来很方便，但它要求在程序执行前必须先知道循环的总次数。工作人员必须事先数一遍要穷举对象的个数，万一数错，便会导致程序的执行失败，这给操作人员增加了一个不必要的麻烦。

例如：搬砖问题。36 块砖，36 人搬；每次男人能搬 4 块砖，女人能搬 3 块砖，两个小孩能抬 1 块砖。要求一次全搬完，问男人、女人、小孩各需多少？

显然，这个问题可以用穷举法解决。可以采用二重循环嵌套控制结构，并且用计数法进行控制。

男人(men)的可能取值范围为 0~8；

女人(women)的可能取值范围为 0~11；

小孩(childs)的可能取值范围为 0~36。

采用穷举法，首先考虑 men 分别取 0~8 中的各值时，找到符合题意的 women，childs 的值。得到：

```
men=0;
while (men<9)
{找满足题意的 women,childs 值;
```

```
    men++;
}
```

这个算法也可以写为：

```
men=0;
while (men++<9)
{找满足题意的 women,childs 值;
}
```

但不可以写为：

```
men=0;
while (++men<9)
{
    找满足题意的 women,childs 值;
}
```

因为它少考虑了 men 为 0 的情况(即第一次循环时 men 的值为 1)。

下面再进一步细化，找每一个 women 下的 childs 值：

```
men=0;
while (men++<9)
        {    women=0;
                while (women++<12)
                      {  找满足题意的 childs 值;
                      }
        }
```

当 men 与 women 的值已知后：

```
childs=36-women-men;
```

若这一 childs 值满足条件：

```
4*men+3*women+childs/2=36;
```

则就找到了一组解。

参考程序如下：

```
#include<stdio.h>
main( )                              /*36 人搬 36 砖*/
{  int men=0 , women , childs ;
   while (men++<9)
      { women=0;
        while (women++<12)
            { childs=36-women-men ;
              if (4.0*men+3.0*women+childs/2.0==36)
                 { printf("\n men is %d",men);
                   printf("\t women is %d", women);
                   printf("\t childs is %d\n", childs);
                 }
            }
      }
```

```
}
```

上机的运行结果如下：

```
men  is  3        women  is  3        childs  is  30
```

名言谚语

“冰冻三尺，非一日之寒。”——王充。这句话的意思是说冰冻了三尺，并不是一天的寒冷所能达到的效果，比喻一种情况的形成，是经过长时间的积累、酝酿的，积少成多。即形成一项事物，是需要长期的积累，不是一天两天可以完成的，任何事的发生都有其潜在的，长期存在的因素，不是突然之间就可以形成的。贬义时，多用来形容矛盾的日积月累；褒义时，则形容成绩取得实属来之不易。我们有些同学在学习时养成了一些不好的习惯，往往达不到专业素养培养的目标，这是因为长期以来错误的行为模式和思维方式等因素所导致的。当然，改正错误习惯的过程也不可能一蹴而就，需要师生配合从多个方面入手，综合分析问题产生的原因，并采取有效的措施逐步改进。

【课后习题】

1. C 语言中 while 和 do-while 的主要区别是（　　）。

A. do-while 的循环体至少无条件执行一次

B. while 的循环控制条件比 do-while 循环控制条件严格

C. do-while 允许从外部转到循环体内部

D. do-while 的循环体不能是复合语句

2. 下面程序的运行结果是（　　）。

```
#include <stdio.h>
main()
{ int i;
  for(i=1;i<=5;i++)
  switch(i%5)
    { case 0: printf("*"); break;
      case 1: printf("#"); break;
      default: printf("$");
      case 2: printf("&");}
}
```

A. #&$ *#&*　　B. &$&*$#&　　C. #&$*$#&　　D. #&$&$&*

3. 下面程序的运行结果是（　　）。

```
#include <stdio.h>
main()
{  int x,i;
   for(i=10;i<=100;i++)
   {  x=i;
      if(++x%3! =0)  continue;
      else  if(++x%2! =0)  continue;
```

```
            else    if(++x%7==0)  printf("%d",x);
    }
}
```

A. 30 81　　B. 35 77　　C. 26 68　　D. 28 56

4. 下面程序段的运行结果是(　　)。

```
int x=0,s=0;
while(! x! =0)  s+=++x;
printf("%d",s);
```

A. 运行程序段后输出 0　　B. 运行程序段后输出 1

C. 程序段中的控制表达式非法　　D. 程序段执行无限次,没有输出

5. 下面程序段的运行结果是(　　)。

```
a=1,b=2,c=2;
while(a<b<c)  {t=a;a=b;b=t;c--;}
printf("%d,%d,%d\n",a,b,c);
```

A. 1,2,0　　B. 2,1,0　　C. 1,2,1　　D. 2,1,1

6. 对 for(表达式 1;;表达式 3)可以理解为(　　)。

A. for(表达式 1;0;表达式 3)

B. for(表达式 1;1;表达式 3)

C. for(表达式 1;表达式 1;表达式 3)

D. for(表达式 1;表达式 3;表达式 3)

7. 若运行以下程序时,从键盘输入 2436<回车>,则下程序段的输出结果是(　　)。

```
int c;
while((c=getchar())! ='\n')
switch(c-'2')
{  case 0:
   case 1: putchar(c+4);
   case 2: putchar(c+4); break;
   case 3: putchar(c+3);
   default: putchar(c+2); break; }
printf("\n");
```

A. 668778　　B. 6878　　C. 2436　　D. 678778

8. 下面程序的运行结果是(　　)。

```
#include <stdio.h>
main()
{  int x,i;
   for(i=1;i<=10;i++)
   {  x=i;
      while(++i%3==0) {printf("%d",x);break; }
   }
}
```

A. 2　　B. 3　　C. 5　　D. 6

9. 下面程序段的运行结果是(　　)。

```
x=y=0;
while(x<15){ y++; x+=++y; }
printf("%d\t%d",y,x);
```

A. 20,7　　B. 6,12　　C. 20,8　　D. 8,20

10. 下面程序段中循环体的执行次数是(　　)。

```
int i;
for(i=2;i==0;) printf("%d",i--);
```

A. 无限循环　　B. 0　　C. 1　　D. 2

11. 下面程序段的运行结果是(　　)。

```
int x=3;
do{ printf("%d",x-=2); }while(! (--x));
```

A. 1　　B. 1　-2　　C. 3　0　　D. 无限循环

12. 下面有关 for 循环的正确描述是(　　)。

A. for 循环只能用于循环次数已经确定的情况

B. for 循环是先执行循环体语句,后判断表达式

C. for 循环中,不能用 break 语句跳出循环

D. for 循环中,循环体可以是单条语句

13. 若运行下面程序时,从键盘输入 Hello World! <回车>,则运行结果是(　　)。

```
#include<stdio.h>
main()
{  char c;  int v1=0,v2=0,v3=0;
   do
   {  switch(c=getchar())
      {  case 'a': case 'A':
         case 'e': case 'E':
         case 'h': case 'H':
         case 'o': case 'O':
         case 'w': case 'W': v2+=1;break;
         default: v1+=1; v3+=1;
      }
   }while(c! ='\n');
printf("v1=%d,v2=%d,v3=%d\n",v1,v2,v3);
}
```

A. v1=9,v2=5,v3=9　　B. v1=12,v2=5,v3=12

C. v1=10,v2=5,v3=10　　D. v1=14,v2=5,v3=14

14. 下面程序段中，continue 语句会影响哪个循环？（　　）

```
for (int i = 0; i < 5; i++)
  { for (int j = 0; j < 5; j++)
      { if (j == 2) continue;
        printf("%d %d\n", i, j);
      }
  }
```

A. 外层 for 循环　　B. 内层 for 循环

C. 两者都受影响　　D. 两者都不影响

15. 下面描述正确的是（　　）。

A. 因为 do-while 语句中循环体只能是一条可执行语句，所以循环体不能使用复合语句

B. do-while 循环由 do 开始，用 while 结束，因此在 while(表达式)后面要写分号

C. do-while 循环体中一定有能使 while 后面表达式的值变为 0(假)的操作

D. do-while 循环中，可以根据情况省略 while

16. 设有程序段 int k=10;while(k>=0)k=k-1;则下面描述正确的是（　　）。

A. 循环体执行 10 次　　B. 循环体无限循环

C. 循环体执行 11 次　　D. 循环体执行 1 次

17. 下面程序段的运行结果是（　　）。

```
int x,y;
for(y=1;y<=10;) y=(x=3*y,x+2,x-1);
printf("x=%d,y=%d",x,y);
```

A. x=25,y=23　　B. x=12,y=13

C. x=15,y=14　　D. x=18,y=17

18. 下面程序的运行结果是（　　）。

```
#include <stdio.h>
main()
  { int x=3,y;
     do{ y=x--;
        if(!y) {printf("#");break;}
  }while(x<=2);
}
```

A. 输出##　　B. 输出#

C. 无限循环　　D. 没有输出

19. 执行下面的程序段，其中描述正确的是（　　）。

```
x=-1;
do { x=x*x; } while(!x);
```

A. 无限循环　　B. 循环体执行了 2 次

C. 循环体了执行 1 次　　D. 循环体执行了 0 次

20. 下面程序运行后将打印出多少个数字对(i, j)(　　)。

```
#include <stdio.h>
main()
{   for (int i = 0; i < 3; i++)
    { for (int j = 0; j < 3; j++)
          {if (i == j) continue;
          printf("%d%d\n", i, j);  }
    }
}
```

A. 3　　B. 6　　C. 8　　D. 9

任务 9　使用一维数组编程计算斐波那契数列

【任务导入】

斐波那契数列在很多领域都有应用，比如在多媒体技术中，斐波那契数列可以用于解码和编码，作为视频压缩算法等；在通信技术中，斐波那契数列可以在无线电通信领域中用于带宽扩展和数据传输；在计算机科学中，斐波那契查找是一种在有序数组中查找特定值的算法；在物学领域中斐波那契数列可以用来研究兔子繁殖模型，或者植物的花瓣数量等；在统计学中斐波那契数列可以用于统计学中的股票价格趋势、利率变化等金融数据分析；在金融领域中斐波那契数列被广泛运用到了股市中，用以揭示股票涨落的奥秘；尤其是在数学领域中，数学分析、概率论、数论、微积分、复变函数理论等都有涉及斐波那契数列的应用。

【学习目标】

知识目标：

(1)能够阐述 C 语言中一维数组的定义与引用方法；

(2)能够陈述 C 语言程序的结构化设计方法和编译方法；

(3)能够阐述 C 语言中二维数组的定义与引用方法；

(4)能够概述在集成环境中进行程序编写、编译和调试的方法；

(5)能够说明 C 语言中数组初始化的方法。

能力目标：

(1)能够根据任务要求和 C 语言编程技巧完成程序设计；

(2)能够在 DEVCPP 集成开发环境下调试和运行 C 语言程序；

(3)能够根据任务需要查找相关资料，以获取新信息和新知识；

(4)能够阅读、分析和撰写程序设计文档资料；

(5)能够根据程序运行效果将程序代码设计逐步优化。

思政目标：

(1)具备法治观念，尊重他人的劳动成果，树立正确的价值观；

(2)具有精益求精的工匠精神，逐步养成简洁、高效的程序设计风格；

(3)具有良好的沟通能力和团队协作能力；

(4)遵守程序设计人员的职业道德准则和职业规范。

【任务工单】

任务名称	使用一维数组编程计算斐波那契数列	参考学时	4 学时
任务描述	经小组讨论,使用 C 语言编写程序,用数组的方法求斐波那契(Fibonacci)数列的前 20 项数值并输出。斐波那契数列: 1, 1, 2, 3, 5, 8, 13, 21, 34,… … 有如下定义: F[0]=1 F[1]=1 F[n]=F[n-1]+F[n-2](n>=2)		
程序设计			
运行结果			
任务收获			

让我们了解一下 C 语言中的构造类型——数组吧！

【知识链接】

一、数组的概念

在 C 语言中关于数组是如何定义的呢？

在程序设计中，为了处理方便，把具有相同类型的若干数据按有序的形式组织起来。这些按序排列的同类数据元素的集合称为数组，即数组是相同类型数据的有序集合。数组描述的就是相同类型的若干个数据，按照一定的先后次序排列组合而成。其中，每一个数据称作一个数组元素，每个数组元素可以通过一个下标来访问它们。

在 C 语言中，数组属于构造数据类型。一个数组可以分解为多个数组元素，这些数组元素可以是基本数据类型或是构造类型。因此按数组元素的类型不同，数组又可分为数值数组、字符数组、指针数组、结构数组等各种类别。

例如：全班 40 个学生成绩都是单精度实型，并且按照学号的顺序排列组合而成一个数组。为了区分不同的数组，每个数组用一个名字来表示，称为数组名，例如起名为 a。

```
float  a[40];          /* 定义一个长度为 40 的一维单精度实型数组 a */
```

40 个学生的成绩可表示为："a[0]，a[1]，… ，a[39]"，用它们分别来存放第一个学生的成绩，第二个学生的成绩，…… ，第四十个学生的成绩。

数组有两个特点：

(1) 其长度是确定的，在定义的同时确定了其大小，在程序中不允许随机变动。

(2) 其元素必须是相同类型，不允许出现混合类型。

二、一维数组

1. 一维数组的定义

任何一个数组在使用之前必须先定义。一维数组的定义格式为：

<存储类型>　<类型说明符>　<数组名><[常量表达式]>

说明：

<存储类型>：说明了数组的存储类型，可以为 auto，static，extern 等。

<类型说明符>：说明了数组元素所属的数据类型，可以是任何一种基本数据类型(int，float，char 等)或构造数据类型。

<数组名>：其命名规则和变量名相同，同样遵循标识符命名规则。

<[常量表达式]>：表示数组元素的个数，即数组长度。

例如：

```
static int a[10];  说明静态存储整型数组 a，有 10 个元素。
float b[10],c[20];  说明实型数组 b，有 10 个元素；实型数组 c，有 20 个元素。
auto char ch[20];  说明自动存储字符数组 ch，有 20 个元素。
```

对于数组定义时应注意以下几点：

(1)数组的类型实际上是指数组元素的取值类型。对于同一个数组，其所有元素的数据类型都是相同的。

(2)数组名的书写规则应符合标识符的书写规定。

(3)数组名不能与其他变量名相同。

例如:

```
main()
{
        int a;
        float a[10];
        .....
}
```

是错误的。

(4)方括号中常量表达式表示数组元素的个数,如 a[5]表示数组 a 有 5 个元素。但是其下标从 0 开始计算,因此 5 个数组元素分别为 a[0],a[1],a[2],a[3],a[4];又如 c[20]表示 c 数组有 20 个元素,最小下标为 0,最大下标为 19,数组元素中没有 c[20]。

(5)方括号中可以是符号常数或常量表达式,但不用变量来表示元素的个数。

例如:

```
#define FD 5
main()
{
    int a[3+2],b[7+FD];
    .....
}
```

是合法的。

但是下述说明方式是错误的。

```
main()
{
    int n=5;
    int a[n];
    .....
}
```

(6)允许在同一个类型说明中,说明多个数组和多个变量。

例如:

```
int a,b,c,d,k1[10],k2[20];
```

(7)在说明一个数组后,系统会在内存中分配一片连续的存储空间用于存放数组元素,如说明语句“int a[10];”,它在内存中的存放形式如图 9-1 所示,其下标取值范围是 0~9。

a[0]	
a[1]	
a[2]	
a[3]	
a[4]	
a[5]	
a[6]	
a[7]	
a[8]	
a[9]	

图 9-1　数组元素在内存中的存放形式

【练习 1】求 20 名同学英语考试的平均成绩

<table>
<tr><td>练习 1</td><td>阅读分析求 20 名同学英语考试的平均成绩并输出的 C 语言程序，明确程序中各部分的功能和数组定义的方法</td></tr>
<tr><td>程序源代码</td><td>#include<stdio.h>　　　　　/* 告诉编译器包含头文件 stdio.h * /
main()　　　　　　　　　　/* 告诉编译器 C 程序由此开始执行 * /
{　　　　　　　　　　　　　/* 程序执行开始 * /
　float a[20];　　　　　　/* 定义一个一维单精度实型数组 a * /
　float sum=0, aver;　　　/* 定义和变量 sum 和平均值 aver 单精度实型 * /
　int　i;
　for(i=0;i<20;i++)
　　　{ scanf("% f",&a[i]);
　　　　sum+=a[i];　　　}　/* 20 个数据累加 * /
　aver=sum/20;
　printf(“20 名同学的平均成绩:% f”, aver);
　printf("完成人:XXX");
}　　　　　　　　　　　　　/* 程序执行结束 * /</td></tr>
<tr><td>运行的结果</td><td></td></tr>
<tr><td>疑问与收获</td><td></td></tr>
</table>

让我们来了解一下 C 语言中的数组是如何引用的吧?

2. 一维数组的引用

数组元素是组成数组的基本单元。数组元素也是一种变量,其标识方法为数组名后跟一个下标。下标表示了元素在数组中的顺序号。C 语言规定只能逐个引用数组元素而不能一次引用整个数组。数组元素的引用形式为:

数组名[下标表达式]

其中,“下标表达式”可以是整型常量、整型变量或整型表达式,其值均为非负数,如为小数时,C 编译将自动取整。

例如,在说明语句“int a[10];”中,a[5]表示数组中第 6 个数组元素;a[2*4]表示数组中第 9 个数组元素;a[i](0≤i<10)表示数组中第 i+1 个数组元素。在合法的下标取值范围内 a[i+j]和 a[i++]都是合法的数组元素。

数组元素通常也称为下标变量。必须先定义数组才能使用下标变量,在 C 语言中只能逐个地使用下标变量。

例如,输出有 10 个元素的数组必须使用循环语句逐个输出各下标变量:

```
for(i=0; i<10; i++)
   printf("%d",a[i]);
```

而不能用一个语句输出整个数组。

下面的写法是错误的:

```
printf("%d",a);
```

3. 一维数组的初始化

给数组赋值的方法除了用赋值语句对数组元素逐个赋值外,还可采用初始化赋值的方法。数组初始化赋值是指在数组定义时给数组元素赋予初值。数组初始化是在编译阶段进行的。这样将减少运行时间,提高效率。也可以说,在定义数组时系统为其分配了一定的存储空间,这些存储空间的赋值可以在程序运行之前,即在编译阶段进行,也可在运行期间,用赋值语句或输入函数调用语句使数组中元素得到赋值。

初始化赋值的一般形式为:

类型说明符 数组名[常量表达式]={值,值·…值};

其中在{ }中的各数据值即为各元素的初值,各值之间用逗号间隔。

(1)在编译阶段对全部数组元素赋初值。

例如:

```
int  a[6]={1,2,3,4,5,6};
```

其中,数组元素的个数和花括号中初值的个数是相同的,并且花括号中的初值从左到右依次赋给每个数组元素,即 a[0]=1,a[1]=2,a[2]=3,a[3]=4,a[4]=5,a[5]=6。

(2)在编译阶段只给一部分元素赋初值。例如:

```
int  a[10]={0,1,2,3,4};
```

此语句定义 a 数组有 10 个元素,但花括号中只提供了 5 个初值,表示只给前 5 个数组元素 a[0]~a[4]赋初值,后面 5 个元素 a[5]~a[9] 系统自动赋 0。

(3)在编译阶段给数组全部元素赋初值时,可以省略数组长度。例如:

```
int  a[ ]={10,20,30,40,50};
```

省略数组长度时,系统将根据赋初值的个数确定数组长度,本例中数组长度为5。

(4)在运行阶段赋初值

例如:

```
int  a[10];
int  i;
for(i=0;i<10;i++)
     scanf("% d", &a[i]);
```

(5)只能给元素逐个赋值,不能给数组整体赋值。

例如:给十个元素全部赋1值,只能写为:

```
int a[10]={1,1,1,1,1,1,1,1,1,1};
```

而不能写为:

```
int a[10]=1;
```

【练习2】求一维数组中的最大值

练习2	阅读分析用数组的方法求10个整数中最大值的C语言程序,明确程序中各部分的功能和数组的定义及引用的方法。

程序源代码	<pre>#include<stdio.h> /* 告诉编译器包含头文件 stdio.h */
	main() /* 告诉编译器 C 程序由此开始执行 */
	{ /* 程序执行开始 */
	   int a[10]; /* 定义一个一维基本整型数组 a,长度为 10 */
	   int i,max; /* 循环控制变量 i 和最大值变量 max 为基本整型 */
	   printf("请输入 10 个整数:");
	   for(i=0;i<10;i++)
	      scanf("% d", &a[i]);
	   max=a[0];
	   for(i=1;i<10;i++)
	    {
	        if(a[i]>max) max=a[i];
	    }
	   printf("最大数为% d\n", max);
	   printf("完成人:XXX");
	} /* 程序执行结束 *</pre>

运行的结果	
疑问与收获	

4. 冒泡法排序

让我们学习一下数据的排序方法——冒泡法吧?

冒泡法排序又称为交换排序。基本思想是:从最后一个元素开始,两两相邻元素比较,将较小的元素交换到前面,直到把最小元素交换到最前面为止。

排序过程如下:

原始状态	7	4	10	1	20	5	3	9
第一次比较结果	7	4	10	1	20	5	3	9
第二次比较结果	7	4	10	1	20	3	5	9
第三次比较结果	7	4	10	1	3	20	5	9
第四次比较结果	7	4	10	1	3	20	5	9
第五次比较结果	7	4	1	10	3	20	5	9
第六次比较结果	7	1	4	10	3	20	5	9
第七次比较结果	1	7	4	10	3	20	5	9

经上述过程完成对8个数的第一轮比较,比较结果将最小数1交换到了最前面。然后,以同样的方式完成对剩余未排序的7个数进行第二轮比较,比较结果将最小数3交换到前面。以此类推,经七轮比较,最后完成对8个数由小到大的全部排序。

各轮比较结果如下:

第一轮结果:	[1]	7	4	10	3	20	5	9
第二轮结果:	[1	3]	7	4	10	5	20	9
第三轮结果:	[1	3	4]	7	10	5	20	9
第四轮结果:	[1	3	4	5]	7	10	20	9
第五轮结果:	[1	3	4	5	7]	10	20	9
第六轮结果:	[1	3	4	5	7	9]	10	20
第七轮结果:	[1	3	4	5	7	9	10]	20
结束状态:	[1	3	4	5	7	9	10	20]

【练习 3】用冒泡法对数组元素由小到大排序

<table>
<tr><td>练习 3</td><td>阅读分析用冒泡法对数组元素由小到大排序的 C 语言程序,明确程序中各部分的功能和数据排序的应用方法</td></tr>
<tr><td>程序源代码</td><td><pre>
#include<stdio.h>   /* 告诉编译器包含头文件 stdio.h */
main()   /* 告诉编译器 C 程序由此开始执行 */
{   /* 程序执行开始 */
int a[8]={7,4,10,1,20,5,3,9};
                              /* 定义一个一维基本整型数组 a,长度为 8 */
int i,j,t;   /* 循环控制变量 i、j 和交换变量 t 为基本整型 */
for(i=0;i<7;i++)   /* 控制比较轮数 */
{ for(j=7;j>i;j--)   /* 控制每轮比较次数 */
      if(a[j-1]>a[j])   /* 进行交换的条件 */
      { t=a[j-1];
      a[j-1]=a[j];
      a[j]=t;
      }
}
printf("排序结果为:");
for(i=0;i<8;i++)
    printf("%d# ", a[i]);
printf("\n");
printf("完成人:XXX");
}   /* 程序执行结束 */
</pre></td></tr>
<tr><td>运行的结果</td><td></td></tr>
<tr><td>疑问与收获</td><td></td></tr>
</table>

【任务实施】

任务解析

在编程中,完成计算斐波那契数列等数学问题是非常基础且常见的任务。为了完成这个任务,学习者可以将该任务分解为三个步骤来完成。

(1)数组初始化:定义一个足够大的整型数组 F 来存储斐波那契数列,考虑到需要输出前 20 项,数组大小至少为 20;初始化前两项斐波那契数值,通常是 F[0]=0 和 F[1]=1。

(2)计算斐波那契数列前 20 项数值:使用循环控制计算斐波那契数列各项数值,从第三个数(索引为 2)开始,每项斐波那契数值都是前两个数之和,即 F[n]=F[n-1]+F[n-2](n>=2),以此循环直到计算出第 20 项斐波那契数值;这里需要使用循环语句 for、while 或者 do... while。

(3)输出结果:应该格式化输出数列前 20 项数值,这里需要使用 printf 函数将结果输出到标准输出设备(显示器),即将每项斐波那契数值显示到屏幕上;使用循环语句 for、while 或者 do... while 遍历数组 F,从第 1 个数开始输出,直到第 20 个数。

注意事项:养成为代码添加适当的注释的良好习惯,解释每个部分的功能和实现细节;尝试编写文档,说明程序的使用方法、输入格式、输出格式和注意事项,逐步形成个人独特的编程风格等。

做一做

团队成员共同完成上面知识链接的学习,经小组分工讨论,学生通过搜集 C 语言编程的相关资料,按照任务要求实施程序的编写、编辑与调试工作。完成后每个人需要填写任务工单,在收获一栏中注明本次任务是否能够独立完成,不能独立完成时得到的启发和帮助有哪些,在程序的编写、编辑与调试过程中有哪些收获,现在还存在哪些困惑,同时注意个人的程序书写是否规范,观察程序运行结果是否简洁、合理,最后按照自己在任务实施过程中的表现,给自己评分,满分 20 分。

同时以小组为单位填写任务实施与评价表格,如表 9-1 所示。

表 9-1　任务实施与评价表

<table>
<tr><td>课程名称</td><td colspan="3">C 语言程序设计</td><td>班级</td><td></td></tr>
<tr><td>任务名称</td><td colspan="3"></td><td>学时</td><td></td></tr>
<tr><td>组长</td><td></td><td>小组成员</td><td colspan="3"></td></tr>
<tr><td>任务
概述</td><td colspan="5"></td></tr>
</table>

表 9-1(续)

实施过程	
工作结果	
疑问收获	
小组自评	
教师评价	

在表中重点记录任务实施过程中每个人在团队中所做出的贡献，个人和团队在编写和调试程序过程中所遇到的困难及解决方案，同时按照每个人在任务实施过程中的参与度，经讨论后由组长给予评分，满分30分；最后由教师按照小组任务完成情况对小组进行评分，满分50分。

【知识拓展】

接下来让我们了解一下多维数组的概念吧！

一、多维数组的概述

前面介绍的数组只有一个下标，称为一维数组，其数组元素也称为单下标变量。在实际问题中有很多数量值是二维的或多维的，因此C语言允许构造多维数组。多维数组元素有多个下标，以标识它在数组中的位置，所以也称为多下标变量。这里先说一下二维数组，多维数组可由二维数组类推而得到。

假设全班40个学生，每人有高数、计算机、英语、政治等四门功课的成绩，现在需要定义数组来保存这些学生的四科成绩。

对于这样一个问题，若用一维数组描述，就要用到四个一维数组a0[40]、a1[40]、a2[40]、a3[40]。这种表示方法不能很好地反映它们之间的密切关系，因此可以引入二维数组来表示。即定义一个二维数组来保存这些学生的成绩：

```
float  a[4][40];                    /* 定义一个4行40列的二维单精度实型数组a */
```

4行表示有四门功课，40列表示班级有40名学生。

同理，可以定义三维数组来存放受三种因素关系影响的数据，或者用来存放具有三个维度的数据，例如三维坐标系中的点集、三维矩阵等。以此类推，多维数组的定义就是用来表示表格、矩阵等具有多个维度的数据结构。

二、迭代算法

迭代算法是一种解决问题的基本方法，是一种通过重复执行一系列计算步骤来逼近所需结果或解决问题的算法。在每次迭代过程中，算法都会使用前一次迭代的结果作为下一次迭代的输入，通过不断重复这个过程来逐步逼近目标解。在C语言中，一般使用循环结构（如for、while和do-while）来实现迭代算法。

迭代算法通常用于数值计算、方程求解、优化问题、图形渲染等领域。它的基本思想是利用递推公式或循环算法构造一个序列，通过不断计算序列中的新值来逼近问题的解。迭代算法的关键在于确定迭代模型和迭代关系式，以及如何对迭代过程进行控制，例如设置迭代次数、收敛条件等。在迭代过程中，需要不断更新变量的值，直到满足某种终止条件为止，例如达到预定的精度要求或迭代次数限制。

一些典型的迭代算法包括二分法、牛顿迭代法、梯度下降法等。这些算法都有其特定的应用场景和迭代公式，可以根据具体问题进行选择和应用。需要注意的是，迭代算法并不总是收敛到正确的解，因此在使用迭代算法时需要仔细考虑其收敛性和稳定性，以及选择合适的初始值和迭代步长等因素。同时，迭代算法的计算效率也取决于迭代次数和每次迭代的计算复杂度，因此需要对算法进行优化以提高计算效率。

最简单的迭代就是一个不断用新值取代变量的旧值,或由旧值递推出变量的新值的过程。例如人口增长问题,假设某国现有人口 2 000 万,按年 2%的增长速度,问 10 年后将会有多少人?

这个问题的解决方法是:设定现有人口数为 m,则第一年后人口变为 m=m*(1+2%);要计算第二年后的人口,只需把上述赋值表达式再执行一次;要计算 10 年后的人口,就要把上述表达式执行 10 次;在 C 语言中可以用循环结构予以实现,只不过要重复的操作,不断从一个变量的旧值出发计算它的新值。所以这种迭代与三个因素有关:①初值;②迭代公式;③迭代次数。

参考程序如下:

```
#include<stdio.h>
int main( )
{
long  renkou[11]={ 20000000 };                    //人口数量数组(单位:人)
double rate=0.02;                                 //年增长率(百分比)
int i,years=10;                                   //迭代次数(年数)
for ( i=1; i <=years; i++)                        //迭代计算每年的人口数量
     renkou[i]=  (long)(renkou[i-1]*(1+rate));
for ( i=1; i <=years; i++)                        //打印此后 10 年的人口数量
     printf("此后第%3d 年人口数量将是 :%ld 人\n", i,renkou[i]);
}
```

运行结果如下:

此后第 1 年人口数量将是 :20400000 人

此后第 2 年人口数量将是 :20808000 人

此后第 3 年人口数量将是 :21224160 人

此后第 4 年人口数量将是 :21648643 人

此后第 5 年人口数量将是 :22081615 人

此后第 6 年人口数量将是 :22523247 人

此后第 7 年人口数量将是 :22973711 人

此后第 8 年人口数量将是 :23433185 人

此后第 9 年人口数量将是 :23901848 人

此后第 10 年人口数量将是 :24379884 人

名言谚语

"兴趣是最好的老师,而且它是免费的。"——斐波那契(中世纪意大利数学家)。这句话强调了兴趣和热情对于学习和研究的重要性。兴趣就是学习的原动力,可以推动人们不断地去探索、发现和深入了解某个领域。这句话提醒着我们,希望大家在今后的学习工作中要充分利用自己的兴趣和热情,将其转化为学习的动力和行动;当我们对某个领域或话题产生浓厚的兴趣时,会产生内在自驱力,即使没有物质的奖励,大家也会愿意去做,去积极地探索、学习和实践,这将有助于同学们更好地理解和掌握专业知识,同时也能够让同学们更加快乐和满足地成长和发展。

【课后习题】

1. 下面程序的运行结果是(　　)。

```
#include <stdio.h>
main()
{  int n[3],i,j,k;
   for(i=0;i<3;i++)
        n[i]=0;
   k=2;
   for(i=0;i<k;i++)
     for(j=0;j<k;j++)
        n[j]=n[i]+1;
   printf("%d\n",n[1]);
}
```

A. 0　　B. 1　　C. 2　　D. 3

2. 以下对一维整型数组 a 的正确说明是(　　)。

A. int a(10);

B. int　n=10,a[n];

C. int n;
   scanf("%d",&n);
   int a[n];

D. #define SIZE 10
   int a[SIZE];

3. 下面程序的运行结果是(　　)。

```
#include <stdio.h>
main()
{  int a[]={4,0,2,3,1},i,j,t;
   for (i=1;i<5;i++)
   {  t=a[i];j=i-1;
      while(j>=0 && t>a[j])
        {a[j+1]=a[j];j--;}
      a[j+1]=t;}
   printf("%d",a[3]);
}
```

A. 1　　B. 2　　C. 3　　D. 4

4. 若有说明:int a[8];则对 a 数组元素的正确引用是(　　)。

A. a[8]　　B. a[3.5]　　C. a(5)　　D. a[10-6]

5. 下面程序的运行结果是(　　)。

```
#include <stdio.h>
main()
{
   int a[5],i;
   for(i=1;i<5;i++)
   {  a[i]=9*(i-2+4*(i>3))%5;
```

```
    printf("% 2d",a[i]);
  }
}
```

A. 4 0 4 0　　B. -4 0 4 0　　C. -4 0 4 4　　D. 4 0 4 4

6. 执行下面的程序段,其中描述正确的是(　　)。

```
intint a[]={3,1,5,2,7},x=5;
while(x<= a[x-1]) x--;
```

A. 循环体执行 5 次　　B. 循环体执行 1 次

C. 循环体执行 4 次　　D. 循环体无限循环

7. 执行下面的程序段后 sum 的值是(　　)。

```
int a[5] = {1, 2, 3, 4, 5};
int sum = 0;
for (int i = 0; i <4; i++)
  { sum += arr[i]; }
```

A. 10　　B. 20　　C. 24　　D. 15

8. 对说明语句 int a[10]={3,4,5,6,7};的正确理解是(　　)。

A. 将 5 个初值依次赋给 a[1]至 a[5]

B. 将 5 个初值依次赋给 a[0]至 a[4]

C. 将 5 个初值依次赋给 a[6]至 a[9]

D. 因为数组长度与初值的个数不相同,所以此语句不正确

9. 下面的程序段的运行结果是(　　)。

```
int int a[]={1, 2, 3, 4, 5},x=2;
printf("% d\n", a[--x]);
```

A. 1　　B. 2　　C. 3　　D. 4

10. 执行下面的程序段后,变量 k 中的值为(　　)。

```
int k=9, s[ ]={3,4,5,6,7};  s[0]=10; k+=s[1] * 3;
```

A. 9　　B. 10　　C. 21　　D. 30

11. 下面程序中(　　)(每行程序前面的数字表示行号)。

```
1           main()
2           {
3             int a[3]={3 * 0};
4             int i;
5             for(i=0;i<3;i++) scanf("% d",&a[i]);
6             for(i=1;i<3;i++) a[0]=a[0]+a[i];
7             printf("% d\n",a[0]);
8           }
```

A. 第 3 行有错误　　B. 第 7 行有错误

C. 第 5 行有错误　　D. 没有错误

12. 下面能对一维数组 a 进行正确初始化的语句是(　　)。

A. int a[10]=(0,0,0,0,0);　　B. int a[10]={1. 2,3. 4};

C. int a[3]={0,0,0,0,0};　　D. int a[ ]={1,2,3,4};

13. 正确对一维数组所有元素进行初始化,并输出了第一个数组元素的是(　　)。

A. int arr[5]; arr = {1, 2, 3, 4, 5}; printf("%d\n", arr[0]);

B. int arr[ ] = {1, 2, 3, 4}; printf("%d\n", arr[0]);

C. int arr[ ] = {1, 2, 3, 4, 5}; printf("%d\n", arr[1]);

D. int arr[6] = {1, 2, 3, 4, 5}; printf("%d\n", arr[1]);

14. 下面不正确的定义语句是(　　)。

A. double a[5]={2.0,4.0,6.0,8.0,10.0};

B. int b[5]={0,1,3,5,7,9};

C. char X[8]={'1','2','3','4','5'};

D. char c[3]={'\x10','\xa','\x8'};

15. 下面的程序段的运行结果是(　　)。

```
int arr[5] = {1, 2, 3, 4, 5};
printf("% d\n", arr[arr[1]]);
```

A. 1　　B. 2　　C. 3　　D. 4

16. 下面的程序段的运行结果是(　　)。

```
int a[5] = {1, 2, 3, 4, 5};
printf("% d\n", a[0]+a[4] * 2);
```

A. 3　　B. 5　　C. 8　　D. 11

17. 下面正确计算出整型数组 a[5]的元素个数表达式是(　　)。

A. sizeof(a[5]) / sizeof(int)

B. sizeof(a[0]) * 5

C. length(A.

D. strlend(A.

18. 下面的程序段的运行结果是(　　)。

```
int a[5] = {1, 2, 3, 4, 5};
for (int i = 0; i < 5; i++)
{     printf("%d ", a[4 - i]);
}
```

A. 1 2 3 4 5　　B. 5 4 3 2 1　　C. 3 4 3 5 1　　D. 5 5 5 5 5

19. 下面存在错误的程序段是(　　)。

A. int arr[5]; arr[5] = 10;

B. int arr[5] = {10};

C. int arr[5]; for (int i = 0; i < 5; i++) arr[i] = i + 1;

D. int arr[5] = {1, 2, 3,4, 5};

20. 下面的程序的运行结果是(　　)。

```
#include <stdio.h>
main()
{   int a[5];
    for (int i = 0; i < 5; i++)
    {     a[i] = i * 2;
    }
    printf("%d\n", a[a[2]]);
}
```

A. 2　　B. 4　　C. 8　　D. 10

任务 10　使用二维数组编程计算全组同学各科的平均成绩

【任务导入】

平均数的应用领域非常广泛，在人们的生产生活中随处可见，大家常常会计算平均速度、平均身高、平均产量、平均成绩等。平均数利用了全部数据信息，是应用最广泛的集中趋势测量值，比如在统计学中，平均数常用于表示统计对象的一般水平，可以用来反映一组数据的一般情况、平均水平和比较不同组数据的差别；在日常生活中，平均值可以方便地比较不同数据集的大小和一般水平；在商业中平均值可以用于计算成本、收入、利润等指标，帮助企业了解经营状况和制定经营策略；在科研中平均值可以用于实验数据的处理和分析，帮助研究者了解实验结果的一般水平和变化规律；在民主政治领域，平均值可以用于调查民情和进行民意测验，帮助政策制定者了解公众意见和制定规章规范。

【学习目标】

知识目标：

(1)能够阐述 C 语言中二维数组的初始化与引用方法；
(2)能够陈述 C 语言程序的结构化设计方法和编译方法；
(3)能够阐述 C 语言中字符数组的定义与引用方法；
(4)能够概述在集成环境中进行程序编写、编译和调试的方法；
(5)能够说明 C 语言中字符串函数的使用方法。

能力目标：

(1)能够根据任务要求和 C 语言编程技巧完成程序设计；
(2)能够在 DEVCPP 集成开发环境下调试和运行 C 语言程序；
(3)能够根据任务需要查找相关资料，以获取新信息和新知识；
(4)能够阅读、分析和撰写程序设计文档资料；
(5)能够根据程序运行效果将程序代码设计逐步优化。

思政目标：

(1)善于思考与分析，认清规律，把握规则，具备良好的敬业精神；
(2)具有精益求精的工匠精神，逐步养成简洁、高效的程序设计风格；
(3)具有良好的沟通能力和团队协作能力；
(4)遵守程序设计人员的职业道德准则和职业规范。

【任务工单】

<table>
<tr><td>任务名称</td><td>使用二维数组编程计算全组
同学各科的平均成绩</td><td>参考学时</td><td>4 学时</td></tr>
<tr><td>任务描述</td><td colspan="3">一个学习小组有 5 个人，每个人有 3 门课的考试成绩，求全组同学各科的平均成绩。经小组讨论，使用 C 语言编写程序，用二维数组的方法求解问题并输出结果。全组同学成绩如下：
<table><tr><td></td><td>刘一</td><td>陈二</td><td>张三</td><td>李四</td><td>王五</td></tr><tr><td>数学</td><td>80</td><td>61</td><td>89</td><td>85</td><td>76</td></tr><tr><td>英语</td><td>75</td><td>65</td><td>63</td><td>87</td><td>77</td></tr><tr><td>语文</td><td>92</td><td>71</td><td>70</td><td>90</td><td>85</td></tr></table></td></tr>
<tr><td>程序设计</td><td colspan="3"></td></tr>
<tr><td>运行结果</td><td colspan="3"></td></tr>
<tr><td>任务收获</td><td colspan="3"></td></tr>
</table>

让我们了解一下 C 语言中的二维数组吧！

【知识链接】

一、二维数组

在 C 语言中是如何定义二维数组的呢？

1. 二维数组的定义

二维数组定义的一般形式是：

类型说明符 数组名[常量表达式 1][常量表达式 2]

其中常量表达式 1 表示第一维(行)下标的长度，常量表达式 2 表示第二维(列)下标的长度。

例如：有 4 个学生，每人有 3 门功课成绩，可以定义如下二维数组。

```
int a[3][4];(或 int  a[4][3];)
```

这说明了一个三行四列的整型数组，数组名为 a，两个<常量表达式>中第一个数字表示二维数组的行数，第二个数字表示二维数组的列数。

其下标变量的类型也应为整型，该数组的下标变量共有 12(3×4)个，即：

```
a[0][0],a[0][1],a[0][2],a[0][3]
a[1][0],a[1][1],a[1][2],a[1][3]
a[2][0],a[2][1],a[2][2],a[2][3]
```

二维数组在概念上是二维的，即是说其下标在两个方向上变化，下标变量在数组中的位置也处于一个平面之中，而不是像一维数组只是一个向量。但是，实际的硬件存储器却是连续编址的，也就是说存储器单元是按一维线性排列的。如何在一维存储器中存放二维数组，可有两种方式：一种是按行排列，即放完一行之后顺次放入第二行。另一种是按列排列，即放完一列之后再顺次放入第二列。

在 C 语言中，二维数组是按行排列的。即先存放 a[0]行，再存放 a[1]行，最后存放 a[2]行；每行中有四个元素也是依次存放。因此，在 C 语言中我们可以把二维数组看成一个数组的数组，即可以把二维数组看作是一个特殊的一维数组，该一维数组的每个数据元素也是一个一维数组。由于数组 a 说明为 int 类型，该类型占两个字节的内存空间，所以每个元素均占有两个字节。

2. 二维数组的引用

二维数组的元素也称为双下标变量，其引用的一般形式为：

数组名[下标表达式 1][下标表达式 2]

其中下标应为整型常量或整型表达式。

引用二维数组元素的下标表达式的值只能取 0 到定义数组时所规定的下标上界之间的整数。即行下标的取值范围是 0～常量表达式 1-1，列下标的取值范围是 0～常量表达式 2-1。

例如：

```
int  a[3][4];
```

a 数组共有 12(三行四列)个数组元素。这个二维数组的最小下标的元素是 a[0][0],最大下标的元素是 a[2][3]。

下标表达式和数组说明中的常量表达式在形式中有些相似,但这两者具有完全不同的含义。数组说明的方括号中的常量表达式给出的是某一维的长度;而数组元素中的下标是该元素在数组中的位置标识。前者只能是常量,后者可以是常量,变量或表达式。

3. 二维数组的初始化

二维数组初始化是在类型说明时给各下标变量赋以初值。二维数组可按行分段赋值,也可按行连续赋值。二维数组的初始化有以下四种形式:

(1)按行分段依次对二维数组赋初值。

例如:

```
static  int  a[3][4]={{1,2,3,4},{5,6,7,8},{9,10,11,12}};
```

将每行数据写在一个花括号内。

(2)将所有数据写在一个花括号内,同样按行连续对各数组元素赋初值。

例如:

```
static  int  a[3][4]={1,2,3,4,5,6,7,8,9,10,11,12};
```

(3)同一维数组一样,可以只对部分元素进行赋初值。

例如:

```
static  int  a[3][4]={{1},{2},{3}};
```

是对每一行的第一列数组元素赋值,未赋值的数组元素取 0 值。赋值后各元素的值为:

```
1 0 0 0
2 0 0 0
3 0 0 0
```

即 a[0][0]=1,a[1][0]=2,a[2][0]=3,它的作用是只对各行第一列的元素赋初值,其余数组元素值自动为 0,故相当于:

```
static int  a[3][4]={{1,0,0,0},{2,0,0,0},{3,0,0,0}};
```

思考题:

```
int  a[3][4]={{1},{ },{5,6}};
```

给哪些数组元素赋值了?

(4)若对全部数组元素赋初值,则数组第一维的元素个数在说明时可以不指定,但第二维的元素个数仍然不能缺省。

例如:

```
int  a[ ][4]={1,2,3,4,5,6,7,8};
```

系统计算行数是 2。

特别说明,数组是一种构造类型的数据。二维数组可以看作是由一维数组的嵌套而构成的。设一维数组的每个元素都又是一个数组,就组成了二维数组。当然,前提是各元素类型必须相同。根据这样的分析,一个二维数组也可以分解为多个一维数组。C 语言允许这种分解。

如二维数组 a[3][4],可分解为三个一维数组,其数组名分别为:

```
a[0]
```

a[1]
a[2]

对这三个一维数组不需另做说明即可使用。这三个一维数组都有 4 个元素，例如：一维数组 a[0]的元素为 a[0][0]，a[0][1]，a[0][2]，a[0][3]。

必须强调的是，a[0]，a[1]，a[2]不能当作下标变量使用，它们在这里是数组名，而不再是一个单纯的下标变量。

【练习 1】求二维数组中的最大值

练习 1	阅读分析求出二维数组中最大值及其所在的行号和列号并输出的 C 语言程序，明确程序中各部分的功能和二维数组的引用方法

程序源代码	#include<stdio.h>　　/* 告诉编译器包含头文件 stdio.h */
	main()　　/* 告诉编译器 C 程序由此开始执行 */
	{　　/* 程序执行开始 */
	　int　i,j,row=0,colum=0,max;　　/* 循环控制变量 i、j 和行变量 row、列变量 colum 与最大值 max 为基本整型 */
	　int　a[3][4]={{1,2,3,4},{9,8,7,6},{-15,10,-5,8}};
	　　/* 定义一个二维基本整型数组 a */
	　max=a[0][0];
	　for(i=0;i<=2;i++)
	　　for(j=0;j<=3;j++)
	　　　if(a[i][j]>max)
	　　　{　max=a[i][j];
	　　　　row=i;
	　　　　colum=j;
	　　　}
	　printf("max=%d,row=%d,colum=%d\n", max,row,colum);
	　printf("完成人:XXX");
	}　　/* 程序执行结束 */

运行的结果	
疑问与收获	

二、字符数组

让我们来了解一下 C 语言中的字符数组吧?

1. 字符数组的定义

字符数组的定义形式与前面介绍的数值数组相同。字符数组是数组元素类型为字符的数组,字符数组中的每一个数组元素均为字符。它的定义形式如下:

char <数组名>[<常量表达式>]

例如:

char c[10];

该定义说明了 c 是一个含有 10 个字符型数据的字符数组。它和一般数组的初始化一样,分配存储空间,可以在定义时赋初值。

字符数组也可以是二维或多维数组。

例如:

char c[5][10];

该定义说明了 c 是一个含有 50 个字符型数据的二维字符数组。

又例如:

char a[][5]={{'B','A','S','I','C',},{'d','B','A','S','E'}};

二维字符数组由于在初始化时全部元素都赋以初值,因此行下标的长度可以不加以说明。系统计算行数是 2。

2. 字符数组的初始化

字符数组也允许在定义时作初始化赋值。

例如:

char c[10]={‘C’,‘ ’,‘p’,‘r’,‘o’,‘g’,‘r’,‘a’,’m’};

赋值后各数组元素的值为:

c[0]的值为‘C’

c[1]的值为‘ ’

c[2]的值为‘p’

c[3]的值为‘r’

c[4]的值为‘o’

c[5]的值为‘g’

c[6]的值为‘r’

c[7]的值为‘a’

c[8]的值为’m’

其中 c[9]未赋值,它的值由系统自动赋予’\0’。

字符数组的长度可用初值来确定。

例如:

char c[ ]={‘C’,‘ ’,‘p’,‘r’,‘o’,‘g’,‘r’,‘a’,’m’};

编译程序,可以计算出字符数组 c 的长度为 9。

注意:如果花括号中提供的初值个数(即字符个数)大于数组长度,则作语法错误处理。

如果初值个数小于数组长度，则只将这些字符赋给数组中前面那些数组元素，其余的数组元素自动定为空字符（即\0）。

字符数组的数组元素可以使用单个字符的形式进行输入和输出的。

例如：

```
char  c[20];
int  i=0;
scanf("%c", &c[i]);
printf("%c", c[i]);
```

【练习 2】求字符数组中字符串的长度

<table>
<tr><td>练习 2</td><td>阅读分析从键盘上输入字符串，求字符串的长度的 C 语言程序，明确程序中各部分的功能和字符数组的定义及引用方法</td></tr>
<tr><td>程序源代码</td><td><pre>
#include<stdio.h>   /* 告诉编译器包含头文件 stdio.h */
main()   /* 告诉编译器 C 程序由此开始执行 */
{   /* 程序执行开始 */
char str[30];   /* 定义一个一维字符型数组 a，长度为 30 */
int len=0,i=0;   /* 下标变量 i 和长度变量 len 为基本整型 */
printf("请输入字符串:");
scanf("%s", str);
while(str[i]! ='\0')
  { i++;len++;
  }
printf("字符串的长度:%d\n",len);
printf("完成人:XXX");
}   /* 程序执行结束 *
</pre></td></tr>
<tr><td>运行的结果</td><td></td></tr>
<tr><td>疑问与收获</td><td></td></tr>
</table>

让我们学习一下字符串和字符串的结束标志吧?

3. 字符串和字符串结束符

在 C 语言中没有专门的字符串变量,通常用一个字符数组来存放一个字符串。前面介绍字符串常量时,已经说明字符串是一组字符数据,C 语言规定了以字符'\0'作为一个字符串的结束标志,即字符串结束符。

因此当把一个字符串存入一个数组时,也把结束符'\0'存入数组,并以此作为该字符串是否结束的标志。在这里我们可以把字符串理解为一种以'\0'结尾的字符数组。有了'\0'标志后,就不必再用字符数组的长度来判断字符串的长度了。在程序中往往依靠检测'\0'来确定字符串是否结束,而不是根据数组长度来确定字符串是否结束。'\0'代表 ASCII 码为 0 的字符,它不是一个可以显示的字符,而是一个“空操作符”,即它什么也不干。用它来作字符串结束标志不会产生附加的操作或增加无效字符,只起一个供辨别的标志。

C 语言允许用字符串的方式对数组作初始化赋值。

例如:

```
char c[]={'C',' ','p','r','o','g','r','a','m'};
```

可写为:

```
char c[]={"C program"};
```

或去掉{}写为:

```
char c[]="C program";
```

用字符串方式赋值比用字符逐个赋值要多占一个字节,用于存放字符串结束标志'\0'编译程序,可以计算出字符数组 c 的长度为 10。

用字符串的方式赋值的数组 c 在内存中的实际存放情况为:

C		p	r	o	g	r	a	m	\0

'\0'是由 C 编译系统自动加上的。由于采用了'\0'标志,所以在用字符串赋初值时一般无须指定数组的长度,而由系统自行处理。如果要指定数组的长度,考虑到字符串有一个串结束符,因此为了存放一个有 N 个字符的字符串,字符数组的长度至少应说明为 N+1。

4. 字符数组的输入输出

字符数组的数组元素可以使用单个字符的形式进行输入和输出的。

例如:

```
char  c[10];
int  j;
for(j=0;j<10;j++)
    scanf("%c", &c[j]);
for(j=0;j<10;j++)
    printf("%c", c[j]);
```

在采用字符串方式后,字符数组的输入输出将变得简单方便,可以使用 printf 函数和 scanf 函数一次性输出输入一个字符数组中的字符串,而不必使用循环语句逐个地输入输出每个字符。

例如：

```
char c[]="BASIC\ndBASE";
printf("%s\n",c);
```

注意在本例的 printf 函数中，使用的格式字符串为"%s"，表示输出的是一个字符串，而在输出表列中给出数组名则可。在这里 c 既是数组名，也代表数组的首地址。

又例如：

```
char st[15];
printf("input string:\n");
scanf("%s",st);
printf("%s\n",st);
```

本例中由于定义数组长度为 15，因此从键盘输入的字符串长度应短于已定义的字符数组的长度 15，以至少留出一个字节用于存放字符串结束标志'\0'。应该说明的是，对一个字符数组，如果不作初始化赋值，则必须说明数组长度。还应该特别注意的是，当用 scanf 函数输入字符串时，字符串中不能含有空格，否则将以空格作为输入结束。

例如当输入的字符串中含有空格时，运行情况为：

```
input string:
this is a book
```

输出为：

```
this
```

从输出结果可以看出空格以后的字符都未能输出。为了避免这种情况，可多设几个字符数组分段存放含空格的字符串。

在前面介绍过，scanf 的各输入项必须以地址方式出现，如 &a，&b 等。但在前例中却是以数组名方式出现的，这是为什么呢？

这是由于在 C 语言中规定，数组名就代表了该数组的首地址。整个数组是以首地址开头的一块连续的内存单元。

如有字符数组 char c[10]，在内存中的存放情况为：

C[0]	C[1]	C[2]	C[3]	C[4]	C[5]	C[6]	C[7]	C[8]	C[9]

假设数组 c 的首地址为 2000，也就是说 c[0]单元地址为 2000，则数组名 c 就代表这个首地址。因此在 c 前面不能再加取地址运算符 &。如果写成 scanf("%s",&c)；则是错误的。在执行函数 printf("%s",c)时，按数组名 c 找到首地址，然后逐个输出数组中各个字符直到遇到字符串终止标志'\0'为止。

【练习 3】五个国家的名称按字母顺序排列输出

练习 3	阅读分析输入五个国家的英文名称按字母顺序排列输出的 C 语言程序,明确程序中各部分的功能和字符串函数的使用方法。
程序源代码	（见下方代码）
运行的结果	
疑问与收获	

程序源代码：

```
#include<stdio.h>           /* 告诉编译器包含头文件 stdio.h */
#include<string.h>
main()                      /* 告诉编译器 C 程序由此开始执行 */
{                           /* 程序执行开始 */
  char tm[20],ch[5][20];
                            /* 定义一维字符数组 tm,二维字符数组 ch */
  int i,j,p;                /* 循环控制变量 i、j 和定位变量 p 为基本整型 */
  printf("input5 country's name:\n");
  for(i=0;i<5;i++)
      gets(ch[i]);
  printf("\n");
  for(i=0;i<5;i++)
    { p=i;strcpy(tm,ch[i]);
      for(j=i+1;j<5;j++)
          if(strcmp(ch[j],tm)<0){p=j;strcpy(tm,ch[j]);}
      if(p! =i)
      {
        strcpy(tm,ch[i]);
        strcpy(ch[i],ch[p]);
        strcpy(ch[p], tm);
      }
    }
  for(i=0;i<5;i++)
  { puts(ch[i]);
    printf("\n");
  }
  printf("完成人:XXX");
}                           /* 程序执行结束 */
```

【任务实施】

任务解析

在编程中,完成学生各科平均成绩的计算等实际问题是非常基础且常见的任务。为了完成这个任务,学习者可以将该任务分解为三个步骤来完成。

(1)定义数组和变量:定义一个二维数组来存储5个人的3科成绩,二维数组的第一维表示科目,第二维表示学生,并进行数组初始化,再定义三个变量用来存储每科的总成绩和平均成绩(表10-1)。

表10-1　定义二维数组

	刘一	陈二	张三	李四	王五
数学	80	61	89	85	76
英语	75	65	63	87	77
语文	92	71	70	90	85

(2)计算平均成绩:首先使用嵌套的循环遍历二维数组,使用一个外层循环科目(i从0到2)和一个内层循环遍历学生(j从0到4),将每个学生的成绩累加到对应科目的总成绩中,再用每科的总成绩除以学生的数量(5人),得到每科的平均成绩,也可以将总成绩转换为浮点数来进行除法运算,以便得到精确的平均值;这里需要使用循环语句for、while或者do...while。

(3)输出结果:应该格式化输出全组同学的各科平均成绩,这里需要使用printf函数将结果输出到标准输出设备(显示器),即将每科平均成绩显示到屏幕上,这里可以使用%.2f格式化字符串来限制输出到小数点后两位。

注意事项:养成为代码添加适当的注释的良好习惯,解释每个部分的功能和实现细节;尝试编写文档,说明程序的使用方法、输入格式、输出格式和注意事项,逐步形成个人独特的编程风格等。

做一做

团队成员共同完成上面知识链接的学习,经小组分工讨论,学生通过搜集C语言编程的相关资料、按照任务要求实施程序的编写、编辑与调试工作。完成后每个人需要填写任务工单,在收获一栏中注明本次任务是否能够独立完成,不能独立完成时得到的启发和帮助有哪些,在程序的编写、编辑与调试过程中有哪些收获,现在是否还存在哪些困惑,同时注意个人的程序书写是否规范,观察程序运行结果是否简洁、合理,最后按照自己在任务实施过程中的表现,给自己评分,满分20分。

同时以小组为单位填写任务实施与评价表格,如表10-2所示。

表 10-2　任务实施与评价表

<table>
<tr><td>课程名称</td><td colspan="2">C 语言程序设计</td><td>班级</td><td></td></tr>
<tr><td>任务名称</td><td colspan="2"></td><td>学时</td><td></td></tr>
<tr><td>组长</td><td></td><td>小组成员</td><td colspan="2"></td></tr>
<tr><td>任务
概述</td><td colspan="4"></td></tr>
<tr><td>实施
过程</td><td colspan="4"></td></tr>
<tr><td>工作
结果</td><td colspan="4"></td></tr>
<tr><td>疑问
收获</td><td colspan="4"></td></tr>
<tr><td>小组
自评</td><td colspan="4"></td></tr>
<tr><td>教师
评价</td><td colspan="4"></td></tr>
</table>

在表中重点记录任务实施过程中每个人在团队中所做出的贡献,个人和团队在编写和调试程序过程中所遇到的困难及解决方案,同时按照每个人在任务实施过程中的参与度,经讨论后由组长给予评分,满分 30 分;最后由教师按照小组任务完成情况对小组进行评分,满分 50 分。

【知识拓展】

接下来让我们了解一下字符串处理函数吧!

C 语言没有提供对字符串进行整体操作的运算符,但提供了丰富的字符串处理函数,大致可分为字符串的输入、输出、合并、修改、比较、转换、复制等几类。使用这些函数可大大减轻编程的负担。用于输入输出的字符串函数,在使用前应包含头文件"stdio. h";使用其他字符串函数则应包含头文件"string. h",在程序开头添加#include<string. h>。下面介绍六个最常用的字符串函数。

一、字符串输出函数 puts

格式:puts (字符数组名)

功能:该函数用于把字符数组中的字符串输出到终端显示器上, 即在屏幕上显示该字符串,它的功能与 printf( ) 函数的%s 格式化输出功能基本相同。由于 printf( ) 可以同时输出多个字符串,所以该函数使用不多。

例如:

```
char c[ ] ="BASIC\ndBASE";
puts(c);
```

从程序中可以看出 puts 函数中可以使用转义字符,因此输出结果成为两行。puts 函数完全可以由 printf 函数取代。当需要按一定格式输出时,通常使用 printf 函数。

二、字符串输入函数 gets

格式:gets(字符数组名)

功能:该函数用于从键盘输入一个字符串到字符数组中,并得到一个返回值,该函数返回值是字符数组的首地址。

例如:

```
char st[15];
printf("input string:\n");
gets(st);
puts(st);
```

此函数与用 scanf( ) 的%s 格式化输入稍有差别,接收的字符串可以包含空格。当输入的字符串中含有空格时,输出仍为全部字符串。说明 gets 函数并不以空格作为字符串输入结束的标志,而只以回车作为输入结束,这是与 scanf( ) 函数不同的。

三、字符串拷贝函数 strcpy

格式:strcpy (字符数组名 1,字符数组名 2)

功能:此函数把字符数组 2 中的字符串(源)的内容拷贝到字符数组 1 所指存储空间

(目的)中,字符串结束标志'\ 0'也一同拷贝。字符数组 2 也可以是一个字符串常量,这时相当于把一个字符串赋予一个字符数组。本函数返回值是字符数组 1 的首地址。

例如:

```
charst1[15],st2[]={"China"};
printf("% s", strcpy(st1,st2));
printf("\n");
```

执行后,st1 的状态如下所示:

C	h	i	n	a	\0	\0	\0	\0	\0

输出结果如下:

```
China
```

本函数要求字符数组 1 应有足够的长度,否则不能全部装入所拷贝的字符串。

四、字符串连接函数 strcat

格式:strcat (字符数组名 1,字符数组名 2)

功能:该函数将字符数组 2 中的字符串连接到字符数组 1 中字符串的后面,并自动覆盖字符串后的结束标志'\ 0'。本函数返回值是字符数组 1 的首地址。

例如:

```
static char st1[30]="My name is ";
int st2[10];
printf("input your name:\n");
gets(st2);
strcat(st1,st2);
puts(st1);
```

本例把初始化赋值的字符数组与动态赋值的字符串连接起来。要注意的是,字符数组 1 应定义足够的长度,否则不能全部装入被连接的字符串。

五、字符串比较函数 strcmp

格式:strcmp(字符数组名 1,字符数组名 2)

功能:此函数用于比较两个字符串的大小,比较时对两个字符串自左至右逐个字符进行比较(按 ASCII 码值大小比较),直到出现不同的字符或遇到\ 0 为止,并由函数返回值返回比较结果。

字符串 1=字符串 2,返回值=0;

字符串 2〉字符串 2,返回值〉0;

字符串 1〈字符串 2,返回值〈0。

本函数也可用于比较两个字符串常量,或比较字符数组和字符串常量。

例如:

```
int k;
static char st1[15],st2[]="C Language";
printf("input a string:\n");
```

```
gets(st1);
k=strcmp(st1,st2);
if(k==0) printf("st1=st2\n");
if(k>0) printf("st1>st2\n");
if(k<0)printf("st1<st2\n");
```

本例中把输入的字符串和数组 st2 中的串比较,比较结果返回到 k 中,根据 k 值再输出结果提示串。当输入为 dbase 时,由 ASCII 码可知"dbase"大于"C Language",故 k〉0,输出结果"st1>st2"。

六、测字符串长度函数 strlen

格式:strlen(字符数组名)

功能:此函数测字符串的实际长度并作为函数返回值,这一长度不包括串尾的结束标志'\0'。

例如:

```
int k;
static char st[]="C language";
k=strlen(st);
printf("The lenth of the string is %d\n",k);
```

本例中输出的字符串长度为 10。

数组是程序设计中常用的数据结构,数组可以是一维的,二维的或多维的。数组的定义说明由类型标识符、数组名和数组长度(数组元素个数)三部分组成。数组元素又称为下标变量,数组的类型是指下标变量取值的类型。对数组的赋值可以用数组初始化赋值,输入函数动态赋值和赋值语句赋值三种方法实现,对数值数组不能用赋值语句整体赋值、输入或输出,而必须用循环语句逐个对数组元素进行操作。

名言谚语

"平均数会说谎,但平均数不会消失。"——马克·吐温(美国作家、演说家)。这句话的意思是虽然平均数可以因为极端数据或者数据集的分布情况而产生误导,但是它仍然是一个有用的统计工具。平均数是一种常用的统计量,它可以用来描述一组数据的集中趋势和一般水平。然而,由于平均数容易受到极端数据的影响,因此它可能会产生误导。例如,如果一个数据集中有一个非常高的数值或者非常低的数值,那么平均数就会偏离中心趋势,无法反映数据集的真实情况。尽管平均数存在一些缺陷和局限性,但它仍然是一个非常有用的统计工具,它可以帮助人们比较不同数据集的大小和一般水平,了解数据的集中趋势和变化规律,其在科研、商业、政治等领域中都被广泛应用。希望大家在今后的学习工作中既要重视一般统计工具的价值和作用,同时也时刻提醒自己要注意其局限性和缺陷,以便更好地使用这些数学工具来分析和解决问题。

【课后习题】

1. 下面程序段的运行结果是(　　)。

```
int i;int x[3][3]={1,2,3,4,5,6,7,8,9};
```

```
for(i=0;i<3;i++)
printf("%d\n",x[i][2-i]);
```

A. 1　6　9　　B. 3　5　7　　C. 1　5　7　　D. 3　6　9

2. 下面是对数组 s 的初始化,其中不正确的是(　　)。

A. char s[5]={"abc"};　　B. char s[5]={'a','b','c'};

C. char s[5]= "A";　　D. char s[5]="abcdef";

3. 下面程序的运行结果是(　　)。

```
#include <stdio.h>
#include <string.h>
main()
{   char a[80]="AB",b[80]="LMNP";
    inti=0;
    strcat(a,b);
    while (a[i++]! ='\0')
      b[i]=a[i];
    puts(b);
}
```

A. LB　　B. ABLMNP　　C. ABLMN　　D. LBLMNP

4. 下面程序的运行结果是(　　)。

```
#include <stdio.h>
main()
{   char ch[7]={"123ab4"};
    int i,s=0;
    for(i=0;ch[i]>='0'&&ch[i]<='9';i+=2)
          s=10*s+ch[i]-'0';
    printf("%d\n",s);
}
```

A. 1　　B. 12　　C. 13　　D. 1234

5. 若有说明:int a[3][4];则对 a 数组元素的非法引用是(　　)。

A. a[0][2*2]　　B. a[1][3]　　C. a[4-2][0]　　D. a[0][3]

6. 若有字符数组 a[80]和 b[80]并已经初始化,则正确的输出语句是(　　)。

A. puts(a,b);　　B. printf("%s,%s",a[],b[]);

C. putchar(a,b);　　D. puts(a);puts(b);

7. 下面能对二维数组 a 进行正确初始化的语句是(　　)。

A. int a[3][]={{1,2,3},{1,2,3}};

B. int a[][3]={{1,2,3},{4,5,6}};

C. int a[2][2]={1,2},{3,4},{5,6,7}};

D. int a[][3]={{1,2,3,4,5};

8. 下面描述正确的是(　　)。

A. 两个字符串所包含的字符个数相同时,才能比较字符串

B. 字符个数多的字符串比字符个数少的字符串大

C. 字符串“Word”大于字符串“word”

D. 字符串“That”小于字符串“The”

9. 若有说明:int a[3][4]={0};则下面正确的叙述是(　　)。

A. 只有元素 a[0][0]可得到初值 0,其余元素初值未知

B. 此说明语句不正确

C. 数组 a 中各元素都可得到初值,但其值不一定为 0

D. 数组 a 中每个元素均可以得到初值 0

10. 设有数组定义:char array [ ]="China";则数组 array 所占的空间为(　　)个字节。

A. 4　　B. 5　　C. 6　　D. 7

11. 下面对二维数组 a 的正确定义是(　　)。

A. float a[3][ ];　　B. float a[3,4];

C. float a[3][4];　　D. float a(3)(4);

12. 下面程序段的运行结果是(　　)。(其中□表示空格)

char c[5]={'a','f','\0','c','\0'};

printf("%s",c);

A. 'a''f'　　B. af　　C. af□c　　D. afc

13. 下面程序段的运行结果是(　　)。

```
char a[10] = "abcdef"; char b[ ] = "ABCD";
strcpy(a,b);  printf("% c",a[3]);
```

A. C　　B. a　　C. D　　D. d

14. 若 int a[ ][3]={1,2,3,4,5,6,7,8,9}; 则 a 数组第一维的大小是(　　)。

A. 2　　B. 3　　C. 4　　D. 无确定值

15. 下面不能把字符串 Hello! 赋给数组 ch 的语句是(　　)。

A. char ch[10]={ 'H','e','1','1','o','!'};

B. char ch[10]="Hello!";

C. char ch[10];strcpy(b,"Hello!");

D. char ch[10];ch="Hello!"

16. 当运行以下程序时,从键盘输入:aa□bb<CR>cc□dd<CR>

(□代表空格,<CR>表示回车),则下面程序的运行结果是(　　)。

```
#include <stdio.h>
main()
{  char a1[5],a2[5],a3[5],a4[5];
   scanf("% s% s",a1,a2);
   gets(a3);  gets(a4);
   puts(a1);  puts(a2);
   puts(a3);  puts(a4);
}
```

A.	B.	C.	D.
aa bb	aa bb cc cc□dd	aa bb cc□dd dd	aa bb cc cc□dd

17. 下面对数组进行了定义,其中正确的是(　　)。

A. int a[ ],b[2,3];

B. char no(30);

C. int x[ ];

D. int x[5]={1,2,3};

18. 下面程序的运行结果是(　　)。

```
main()
{
    char a[ ]="morning",t;
  int i,j=0;
  for(i=1;i<7;i++)
  if(a[j]<a[i])j=i;
      t=a[j];    a[j]=a[7];
      a[7]=a[j];    puts(a);
}
```

A. mogninr　　B. mo　　C. morning　　D. mornin

19. 若给出以下定义,则正确的叙述为(　　)。

```
char X[ ]="abcdefg";
char Y[ ]={'a','b','c','d','e','f','g'};
```

A. 数组 X 和数组 Y 等价

B. 数组 x 和数组 Y 的长度相同

C. 数组 X 的长度大于数组 Y 的长度

D. 数组 X 的长度小于数组 Y 的长度

20. 若二维数组 a 有 m 列,则在 a[i][j]前的元素个数为(　　)。

A. j * m+i　　B. i * m+j　　C. i * m+j-1　　D. i * m+j+1

任务 11　使用指针编程实现字符串的倒序输出

【任务导入】

字符串指针在 C 语言中是一个非常重要的概念，主要用于存储和操作字符串。通过将字符串的首地址赋值给字符串指针，我们可以让指针指向一个字符串；通过指针，我们可以更方便地访问和修改字符串中的每一个字符，可以使用指针来遍历字符串中的每一个字符，或者找到特定的字符或子字符串；我们可以使用指针来动态地分配内存给字符串，即使用 malloc 函数来为一个字符串分配内存，然后使用指针来存储这块内存的首地址；在调用函数时，我们可以将字符串指针作为参数传递，从而可以在函数内部修改外部字符串的值；通过使用字符串指针，我们还可以构建更复杂的数据结构，如链表、树等。

【学习目标】

知识目标：

(1)能够阐述 C 语言中指针变量的定义与使用方法；

(2)能够陈述 C 语言程序的结构化设计方法和编译方法；

(3)能够阐述使用指针访问数组元素内容的方法；

(4)能够概述在集成环境中进行程序编写、编译和调试的方法；

(5)能够说明指针变量的运算方法。

能力目标：

(1)能够根据任务要求和 C 语言编程技巧完成程序设计；

(2)能够在 DEVCPP 集成开发环境下调试和运行 C 语言程序；

(3)能够根据任务需要查找相关资料，以获取新信息和新知识。；

(4)能够阅读、分析和撰写程序设计文档资料；

(5)能够根据程序运行效果将程序代码设计逐步优化。

思政目标：

(1)具备科学精神、探索精神和创新意识，勇于担当；

(2)具有精益求精的工匠精神，逐步养成简洁、高效的程序设计风格；

(3)具有良好的沟通能力和团队协作能力；

(4)遵守程序设计人员的职业道德准则和职业规范。

【任务工单】

任务名称	使用指针编程实现字符串的倒序输出	参考学时	4 学时
任务描述	经小组讨论，使用 C 语言编写程序，从键盘输入一个字符串，利用指针将字符串倒序输出		
程序设计			
运行结果			
任务收获			

让我们了解一下C语言中的数据类型——指针吧!

【知识链接】

一、指针和指针变量

让我们来了解一下什么是指针吧!

1. 指针的基本概念

计算机中的所有数据都是顺序存放在存储器中的。一般把存储器中的一个字节称为一个内存单元(亦称存储单元),不同数据类型的值所占用的内存单元数亦不同。为了正确地访问这些内存单元,必须为每个内存单元编上号。根据一个内存单元的编号可以准确地找到该内存单元。内存单元的编号也叫作地址,通常也把这个地址称为指针。

内存单元的指针(地址)和内存单元的内容是两个不同的概念。可以用一个通俗的例子来说明它们之间的关系。我们到银行去存、取款时,银行工作人员将根据我们的账号去查找存款单,找到之后在存单上写入存款、取款的金额。在这里,账号就是存单的指针(地址),存款数是存单的内容。

2. 指针变量的基本概念

对于一个内存单元来说,单元的编号是该单元的指针(地址),其中存放的数据是该单元的内容。在C语言中,允许用一个变量来存放指针(地址),这种变量称为指针变量。因此,一个指针变量的值就是某个内存单元的地址,或称为某内存单元的指针。

例如:

```
char c='K',*p=&c;
```

如图所示,设有字符变量c,其内容为K(ASCII码为十进制数75),c占用了0110H号单元(地址用十六进制表示)。当有指针变量p,内容为字符变量c的对应地址0110H时,我们称为"指针变量p指向变量c"或者"p是指向变量c的指针变量"。

0110H(地址)

严格地说,一个指针是一个地址,是一个常量,而一个指针变量却可以被赋予不同的指针值,是变量。

定义指针变量的目的是为了通过指针去访问内存单元。在C语言中,某些数据类型或数据结构往往都占有一组连续的内存单元。用"地址"这个概念并不能很好地描述该数据类型或数据结构,而"指针"虽然实际上也是一个地址,但它却可以是一个数据结构的首地址,它是"指向"一个数据结构的,因而概念更为清楚,表示更为明确。这也是引入"指针"概念的一个重要原因。

3. 指针运算符

(1)取地址运算符“&”。

取地址运算符“&”是单目运算符,其结合性为自右至左,其功能是取变量的地址。在 scanf 函数及前面介绍指针变量赋值中,我们已经了解并使用了“&”运算符。

(2)取内容运算符“*”。

取内容运算符“*”是单目运算符,其结合性为自右至左,用来表示指针变量所指的变量。在“*”运算符之后跟的变量必须是指针变量。需要注意的是,指针运算符“*”和指针变量说明中的指针说明符“*”不是一回事。在指针变量说明中,“*”是类型说明符,表示其后的变量是指针类型,而表达式中出现的“*”则是一个运算符,用以表示指针变量所指的变量。

让我们来了解一下C语言中的指针变量的定义与使用吧?

4. 指针变量的定义

指针变量定义的一般形式为:

```
类型说明符  *指针变量名;
```

其中,*为指针类型说明符,表示这是一个指针变量;指针变量名为用户自定义标识符;类型说明符表示该指针变量所指向的变量的数据类型。

例如:

```
int  *p1;
```

该定义表示 p1 是一个指针变量,它的值是某个整型变量的首地址,或者说 p1 指向一个整型变量。至于 p1 究竟指向哪一个整型变量,应由向 p1 赋予的地址来决定。总结:指针变量的类型说明包括以下三个方面的内容。

(1)指针类型说明符*,即说明该变量为一个指针变量。

(2)指针变量名。

(3)类型说明符,即指针变量所指向什么类型的变量,存放什么类型变量的地址。

又例如:

```
int  *p2;
```

p2 是指向整型变量的指针变量

```
float *p3;
```

p3 是指向浮点型变量的指针变量

```
char *p4;
```

p4 是指向字符型变量的指针变量

应该注意的是,一个指针变量只能指向同类型的变量,如 p3 只能指向浮点型变量,不能时而指向一个浮点型变量,时而又指向一个字符型变量。

5. 指针变量的赋值

指针变量同普通变量一样,使用之前不仅要定义说明,而且必须赋予具体的值。未经赋值的指针变量不能使用,否则将造成系统混乱,甚至死机。同时,指针变量的赋值只能赋予地址,决不能赋予任何其他数据,否则将引起错误。

在 C 语言中,变量的地址是由编译系统分配的,对用户完全透明,用户不知道变量的具体地址。

C 语言中提供了取地址运算符 & 来表示变量的地址。其一般形式为：

& 变量名

如 &a 表示变量 a 的地址，&b 表示变量 b 的地址。变量本身必须预先说明或定义。

设有指向整型变量的指针变量 p，如要把变量 a 的地址赋予 p 可以有以下两种方式。

(1) 指针变量初始化的方法

```
int a;
int *p=&a;
```

(2) 赋值语句的方法

```
int a;
int *p;
p=&a;
```

不允许把一个数赋予指针变量，如下面的赋值是错误的：

```
int *p;
p=1000;
```

被赋值的指针变量前不能再加“ * ”说明符，如：“ * p=&a;”也是错误的。

【练习 1】使用指针间接访问整型变量的值

<table>
<tr><td>练习 1</td><td>阅读分析使用指针间接访问整型变量的值并输出的 C 语言程序，明确程序中各部分的功能和指针的使用方法。</td></tr>
<tr><td>程序源代码</td><td>#include<stdio.h>　　/* 告诉编译器包含头文件 stdio.h */
main()　　/* 告诉编译器 C 程序由此开始执行 */
{　　/* 程序执行开始 */
int a,b;　　/* a、b 为基本整型变量 */
int *p1,*p2;　　/* p1、p2 为指向基本整型变量的指针变量 */
a=50;b=80;
p1=&a;
p2=&b;
printf("%d,%d\n",a,b);
printf("%d,%d\n",*p1,*p2);
printf("完成人:XXX");
}　　/* 程序执行结束 */</td></tr>
<tr><td>运行的结果</td><td></td></tr>
<tr><td>疑问与收获</td><td></td></tr>
</table>

6. 指针变量的运算

(1)赋值运算

指针变量的赋值运算有以下几种形式：

a. 指针变量初始化赋值，前面已做介绍。

b. 把一个变量的地址赋予指向相同数据类型的指针变量。

例如：

```
int a, *pa;
pa=&a;
```

把整型变量 a 的地址赋予整型指针变量 pa。

c. 把一个指针变量的值赋予指向相同类型变量的另一个指针变量。

例如：

```
int a, *pa=&a, *pb;
pb=pa;
```

把 a 的地址赋予指针变量 pb。由于 pa,pb 均为指向整型变量的指针变量，因此可以相互赋值。

d. 把数组的首地址赋予指向数组的指针变量。

例如：

```
int a[5], *pa;
pa=a;
```

数组名表示数组的首地址，故可赋予指向数组的指针变量 pa。

也可写为

```
pa=&a[0];
```

数组第一个元素的地址也是整个数组的首地址，也可赋予 pa。

当然也可采取初始化赋值的方法：

```
int a[5], *pa=a;
```

(2)加减算术运算

对于指向数组的指针变量，可以进行整数类型的加减法运算。设 pa 是指向数组 a 的指针变量，则 pa+n,pa-n,pa++,++pa,pa--,--pa 运算都是合法的，变量 n 只能为整型。指针变量加或减一个整数 n 的意义是把指针指向的当前位置(指向某个数组元素)向前或向后移动 n 个位置。

应当注意，数组指针变量向前或向后移动一个位置和地址值加 1 或减 1 在概念上是完全不同的。如果指针变量加 1，表示指针变量移动 1 个位置指向下一个数组元素的首地址。而不是在原地址值的基础上真实地加数值 1。

例如：

```
int a[5], *pa;
pa=a;                    /* pa 指向数组 a，也是指向数组元素 a[0]，即 pa 的值为 &a[0] */
pa=pa+2;                 /* pa 指向数组元素 a[2]，即 pa 的值为 &a[2] */
```

指针变量的加减运算只适用于指向数组的指针变量，对指向其他类型变量的指针变量作加减运算是毫无意义的，并容易导致灾难性的后果。

(3)两个指针变量之间的运算

只有指向同一数组的两个指针变量之间才能进行运算,否则运算毫无意义。

a. 两指针变量相减。两指针变量相减所得之差是两个指针所指数组元素之间相差的元素个数。

例如,pf1 和 pf2 是指向同一浮点型数组的两个指针变量,设 pf1 的值为 2008H,pf2 的值为 2000H,而浮点型数组每个元素占四个字节,所以,pf1-pf2 的结果为(2008H-2000H)/4=2,表示 pf1 和 pf2 之间相差两个元素。两个指针变量不能进行加法运算。

b. 两指针变量进行关系运算。指向同一数组的两指针变量进行关系运算可表示它们所指数组元素之间的关系。例如,pf1==pf2 表示 pf1 和 pf2 指向同一数组元素;pf1>pf2 表示 pf1 处于高地址位置;pf1<pf2 表示 pf1 处于低地址位置。

指针变量还可以与 0 比较。设 p 为指针变量,则 p==0 表明 p 是空指针,它不指向任何变量;p! =0 表示 p 不是空指针。空指针是由对指针变量赋予 0 值而得到的。

例如:

```
#define NULL 0
int *p=NULL;
```

【练习 2】指针变量作为函数参数的程序

练习 2	阅读分析指针变量作为函数的参数参与传递产生结果并输出的 C 语言程序,明确程序中各部分的功能和指针变量作为函数的参数参与传递对主函数变量值产生的影响。

程序源代码	#include<stdio.h>　　　　/* 告诉编译器包含头文件 stdio.h */
	outval(int *p1,float *p2)
	{　*p1=*p1*10;
	　*p2=*p2*10.0;
	}
	main()　　　　/* 告诉编译器 C 程序由此开始执行 */
	{　　　　/* 程序执行开始 */
	　int a=5,*p_int;　　　　/* a 为基本整型变量,p_int 为指针变量 */
	　float b=4.5,*p_float;　　/* b 为实型变量,p_ float 为指针变量 */
	　p_int=&a;
	　p_float=&b;
	　printf("The 1th output___before use outval()function\n");
	　printf("The int value is %d\n",*p_int);
	　printf("The float value is %f\n",*p_float);
	　outval(p_int,p_float);
	　printf("The 2th output___after use outval()function\n");
	　printf("The int value is %d\n",*p_int);
	　printf("The float value is %f\n",*p_float);
	　printf("完成人:XXX");
	}　　　　/* 程序执行结束 *

表(续)

运行的结果	
疑问与收获	

二、指向数组的指针变量

让我们学习一下数组的指针和指向数组的指针变量吧?

1. 指针和数组

指针和数组有着密切的关系,任何能由数组下标完成的操作也都可用指针来实现,程序中使用指针可使编程代码更紧凑、更灵活。

一个数组是由连续的一块内存单元组成的,数组名就是这块连续内存单元的首地址。一个数组也是由各个数组元素(下标变量)组成的,每个数组元素按数据类型的不同占有几个连续的内存单元。

一个指针变量既可以指向一个数组,也可以指向一个数组元素。如果要使一个指针变量指向一个数组,可把数组名或第一个元素的地址赋予它;如要使指针变量指向某个数组的第 n 个元素,可以把该数组第 n 元素的地址赋予它或把数组名加 n 赋予它。

例如:

```
int a[5], *pa;
pa=a;                    /* 数组名表示数组的首地址 */
```

也可写为:

```
pa=&a[0];                /* 数组第一个元素的地址 */
```

通过对指针概念的理解,就可以明确存在以下关系:

(1) pa, a, &a[0]均指向同一存储单元,它们是数组 a 的首地址,也是数组元素 a[0]的地址,指向数组元素 a[0]。

(2) pa+1, a+1, &a[1]均指向数组元素 a[1]。

类似可知, pa+i, a+i, &a[i]均指向数组元素 a[i]。

(3)指针 pa 是变量,其变量值可以改变,而 a、&a[i]都是常量,其值不可改变,在编程时应予以注意。即 pa++是正确的,a++是错误的。pa++就是 pa=pa+1,这时 pa 中存放的就是数组元素 a[1]的地址。

2. 用指针表示数组元素的内容

引入指针变量后,就可以使用两种方法来访问数组元素了。

(1)下标法

下标法即用 a[i]形式访问数组元素,在前面介绍数组时采用的都是这种方法。

(2)指针法

指针法即采用 *(pa+i)形式,用间接访问的方法来访问数组元素。

利用指针表示数组元素的地址和内容的形式主要有:

(1)pa+i 和 a+i 均表示 a[i]的地址,或者讲,它们均指向数组第 i 个元素,即指向 a[i]。

(2)*(pa+i)和*(a+i)都表示 pa+i 和 a+i 所指对象的内容,即为 a[i]。

(3)C 语言允许指针变量带下标,则 pa[i]与*(pa+i)等价。假定指针变量 p=a+2,即 p 指向 a[2],则 p[1]就相当于*(p+1),相当于*(a+2+1),所以 p[1]就相当于 a[3],而 p[-2]就相当于*(p-2),相当于*(a+2-2),相当于 a[0]。

【练习 3】应用指针法输出数组元素

练习 3	阅读分析利用指针变量访问数组各个元素并对内容进行输出的 C 语言程序,明确程序中各部分的功能和指向数组的指针变量的使用方法

程序源代码	#include<stdio.h>　　/*告诉编译器包含头文件 stdio.h*/
	main()　　/*告诉编译器 C 程序由此开始执行*/
	{　　/*程序执行开始*/
	int a[5]={9,8,7,6,5},i,*pa=a;　　/*定义循环控制变量 i 为基本整型、一维整型数组 a,指针变量 pa*/
	for(i=0;i<5;i++)
	　　printf("a[%d]=%d\n",i,a[i]);
	printf("\n");
	for(i=0;i<5;i++)
	　　printf("a[%d]=%d\n",i,*(pa+i));
	printf("完成人:XXX");
	}　　/*程序执行结束*/

运行的结果	
疑问与收获	

【任务实施】

任务解析

在编程中，完成利用指针控制字符串输出的问题是非常常见的任务。为了完成这个任务，学习者可以将该任务分解为四个步骤来完成。

(1)定义字符串和指针：定义一个字符串和一个指向字符串的指针，字符串一般就是一个以'\ 0'结尾的字符数组，而指针则用于遍历字符串(字符数组)，即通过指针值的变化指向数组中的每一个字符。

(2)输入字符：提示用户输入一个字符串，以回车作为结束；这里需要使用 scanf 或者 gets 函数读取用户通过标准输入设备(键盘)输入的字符串。

(3)指针定位：首先将定义的指针赋值为指向字符数组的第一个字符；然后为了倒序输出字符串，需要将指针移动到字符串末尾，即结束字符'\ 0'字符的位置；最后通过遍历字符串找到结束字符'\ 0'的这一过程，可以确定字符串的长度(此项选做)；这里需要使用循环语句 for、while 或者 do... while。

(4)输出结果：在指针不小于字符串开始位置的情况下，通过不断将指针向前移动一个位置，每次移动后输出当前指针指向的字符，以实现倒序输出，需要确保指针不会小于字符串的开始地址，以避免越界访问；这里需要使用 printf 函数将结果输出到标准输出设备(显示器)，即将字符的倒序形式显示到屏幕上，在倒序输出完字符串后，通常需要在末尾打印一个换行符(\ n)，这样用户就可以清晰地看到输出结果。例如，输入“Hello, World!”，则输出“! dlroW ,olleH”，这就是倒序。

注意事项：

(1)错误处理：尝试在程序中实现对可能出现的错误情况进行处理，即添加错误处理逻辑模块，以确保用户输入的数据是有效的，例如，字符串为空或只包含一个字符，需要特别处理以避免错误；在检测到错误时，程序应输出错误提示信息，并可能需要重新输入或者终止执行。

(2)代码测试：在完成编程后，应对代码进行测试，确保在各种情况下都能正确运行；可以使用不同的输入字符串来验证程序的正确性，字符串中可以包括字母、数字和标点等符号；如果发现问题，及时进行调试以修复错误。

(3)用户界面：尝试设计出更易于交流使用的用户界面，使得用户可以轻松输入字符串并查看结果；还可以考虑添加一些额外的功能，如历史记录等。

(4)文档和注释：养成为代码添加适当的注释的良好习惯，解释每个部分的功能和实现细节；尝试编写文档，说明程序的使用方法、输入格式、输出格式和注意事项，逐步形成个人独特的编程风格等。

做一做

团队成员共同完成上面知识链接的学习，经小组分工讨论，学生通过搜集 C 语言编程的相关资料、按照任务要求实施程序的编写、编辑与调试工作。完成后每个人需要填写任务工单,在收获一栏中注明本次任务是否能够独立完成,不能独立完成时得到的启发和帮助有哪些,在程序的编写、编辑与调试过程中有哪些收获,现在还存在哪些困惑,同时注意个人的程序书写是否规范,观察程序运行结果是否简洁、合理,最后按照自己在任务实施过程中的表现,给自己评分,满分 20 分。

同时以小组为单位填写任务实施与评价表格,如表 11-1 所示。

表 11-1 任务实施与评价表

<table>
<tr><td>课程名称</td><td colspan="2">C 语言程序设计</td><td>班级</td><td></td></tr>
<tr><td>任务名称</td><td colspan="2"></td><td>学时</td><td></td></tr>
<tr><td>组长</td><td></td><td>小组成员</td><td colspan="2"></td></tr>
<tr><td>任务
概述</td><td colspan="4"></td></tr>
<tr><td>实施
过程</td><td colspan="4"></td></tr>
<tr><td>工作
结果</td><td colspan="4"></td></tr>
<tr><td>疑问
收获</td><td colspan="4"></td></tr>
<tr><td>小组
自评</td><td colspan="4"></td></tr>
<tr><td>教师
评价</td><td colspan="4"></td></tr>
</table>

在表中重点记录任务实施过程中每个人在团队中所做出的贡献,个人和团队在编写和调试程序过程中所遇到的困难及解决方案,同时按照每个人在任务实施过程中的参与度,经讨论后由组长给予评分,满分 30 分;最后由教师按照小组任务完成情况对小组进行评分,满分 50 分。

【知识拓展】

接下来让我们了解一下二维数组的指针吧!

一、二维数组地址的表示方法

我们以二维数组为例来介绍多维数组的指针变量。为了说明问题,我们定义以下二维数组:

```
int a[3][4]={{0,1,2,3},{4,5,6,7},{8,9,10,11}};
```

其中,a 为二维数组名,该数组有三行四列,共 12 个元素。由于 C 语言允许把一个二维数组分解为多个一维数组来处理,因此,数组 a 可分解为三个一维数组:a[0],a[1],a[2]。这三个元素又是一个一维数组,且都含有四个元素(相当于四列),例如,a[0]所代表的一维数组所包含的四个元素为 a[0][0],a[0][1],a[0][2],a[0][3]。

但从二维数组的角度来看,a 代表二维数组的首地址,当然也可看成是二维数组第 0 行的首地址。a+1 就代表第 1 行的首地址,a+2 就代表第 2 行的首地址。如果此二维数组的首地址为 1000,由于第 0 行有四个整型元素,所以 a+1 为 1008,a+2 为 1016。既然我们把 a[0],a[1],a[2]看成是一维数组名,则可以认为它们分别代表它们所对应的数组的首地址,也就是说,a[0]代表第 0 行中第 0 列元素的地址,即 &a[0][0];a[1]代表第 1 行中第 0 列元素的地址,即 &a[1][0]。根据地址运算规则,a[0]+1 即代表第 0 行第 1 列元素的地一般而言,a[i]+j 即代表第 i 行第 j 列元素的地址,即 &a[i][j]。

在二维数组中,我们还可用指针的形式来表示各元素的地址。如前所述,a[0]与 *(a+0)等价,a[1]与 *(a+1)等价,因此,a[i]+j 就与 *(a+i)+j 等价,它表示数组元素 a[i][j]的地址。因而,二维数组元素 a[i][j]可表示成 *(a[i]+j)或 *(*(a+i)+j),它们都与 a[i][j]等价,或者还可写成(*(a+i))[j]。另外,要补充说明一下,如果要编写一个程序输出 a 和 *a,可发现它们的值是相同的,这是为什么呢?我们可这样来理解:我们把二维数组人为地看成由三个数组元素 a[0],a[1],a[2]组成,将 a[0],a[1],a[2]看成是数组名,它们又分别是由四个元素组成的一维数组,因此,a 表示数组第 0 行的地址,而 *a 即为 a[0],它是数组名,当然还是地址,它就是数组第 0 行第 0 列元素的地址。

二、二维数组的指针变量

二维数组指针变量说明的一般形式为:

类型说明符 (*指针变量名)[长度]

其中,类型说明符代表所指数组的数据类型;* 表示其后的变量是指针类型;长度表示该指针所指向的二维数组分解为多个一维数组时,一维数组的长度,也就是二维数组的列数。应注意,“(*指针变量名)”两边的括号绝对不可少,如缺少括号则表示是指针数组,意义就完全不同了。

二维数组 a 同前面一样定义,在将数组 a 分解为一维数组 a[0],a[1],a[2]之后,设 p 为指向 a 的指针变量。定义指针变量:

```
int (*p)[4];
```

它表示 p 是一个指针变量,它指向二维数组 a 或指向第一个一维数组 a[0],其值等于 a,a[0]或 &a[0][0]等。而 p+i 则指向一维数组 a[i]。从前面的分析可得出,*(p+i)+j 是二维数组第 i 行 j 列的元素的地址,而 *(*(p+i)+j)则是第 i 行 j 列元素的值。

名言谚语

“大多数人想要改造这个世界,但却罕有人想改造自己。”——谚语。这句话的意思是大多数人总是想要改变周围的事物或环境,却很少有人愿意改变自己。人们往往抱怨别人、抱怨环境,却不愿意审视自己的行为和态度,不愿意自我反省和改进。改造自己需要勇气和决心,需要自我反省和自我改变,这是比较困难的事情。但是只有通过改造自己,才能真正地改变周围的事物和环境,实现真正的进步和改变。因此,希望朋友们能够意识到自我改造的重要性,努力成为更好的自己。

【课后习题】

1. 一个变量的指针是指(　　)。

A. 该变量的值　　B. 该变量的地址

C. 该变量的变量名　　D. 该变量的标志

2. 下列程序段中不能正确赋值的是(　　)。

A. char *p,ch; p=&ch; scanf("%c",&p);

B. char ch, *p=&ch; scanf("%c", *p);

C. char p; p=getchar();

D. char *p,ch; p=&ch; *p=getchar();

3. 下面程序的运行结果是(　　)。

```
#include <stdio.h>
void sub(int x,int y,int *z)
{ *z=y-x; }
main()
{ int a=5,b=6,*c=&a;
  sub(10,5,C.;
  printf("% d,% d\n",a,B.;
}
```

A. 5,6　　B. -5,6　　C. -5,-6　　D. 输出错误

4. 若有 int a[]={0,1,2,3,4,5,6,7,8,9}, *p=a, i; 下面对 a 数组元素不正确的引用是(　　)。

A. a[p-a]　　B. *(&a[5])　　C. p[6]　　D. a[10]

5. 下面程序应对两个整型变量的值进行交换。以下说法正确的是(　　)。

```
#include <stdio.h>
void swap(int p,int q)
```

```
{  int t;
   t=p; p=q; q=t;
}
main()
{  int a=10,b=20;
   printf("(1) a=%d,b=%d\n",a,b);
   swap(&a,&B.;
   printf("(2) a=%d,b=%d\n",a,b);
}
```

A. 该程序完全正确

B. 该程序有错误,改正方法是将语句中 swap(&a,&B.;中的参数改为 a,b

C. 该程序有错误,改正方法是将 swap 函数中的形参 p 和 q 定义成指针型类型

D. 该程序有错误,改正方法是将 swap 函数中的 t 定义成指针型类型

6. 下面程序中 scanf 函数给变量 a 输入数值的方法是错误的,其原因是(　　)。

```
int *p, a;  p=&a;
printf("input a:\n");  scanf("%d", *p);
```

A. *p 表示的是指针变量 p 的地址

B. *p 表示的是变量 a 的值

C. *p 表示的是变量 a 的地址

D. *p 只能用来说明 p 是一个指针变量

7. 下面关于函数功能说明正确的是(　　)。

```
void swap(int *p1,int *p2)
  {  int *p;
     *p=*p1; *p1=*p2; *p2=*p;
  }
```

A. 交换 *p1 和 *p2 的值　　B. 没有返回值,函数没有意义

C. 交换 *p1 和 *p2 的地址　　D. 可能造成系统故障,因为使用了空指针

8. 若有定义:int a[10], *p=a;则 p+5 表示(　　)。

A. 元素 a[5]的地址　　B. 元素 a[5]的值

C. 元素 a[6]的地址　　D. 元素 a[6]的值

9. 下面程序的输出结果是(　　)。

```
#include <stdio.h>
void ptr(int *x)
{ printf("%d\n",++*x); }
main()
{ int a=25; ptr(&a); }
```

A. 23　　B. 24　　C. 25　　D. 26

10. 下面程序段有错,错误原因是(　　)。

```
int *p,i;  char *q,ch;
p=&i;  q=&ch;  *p=40;  *p=*q;
```

A. p 和 q 的指向变量类型不一致,不能执行 *p=*q 的操作

B. p 中存放的是地址值,因此不能执行 * p=40;

C. p 是指向具体的存储单元,所以 * p=40 是没有意义的

D. q 所指向的单元中没有确定的值,所以不能执行 * p= * q

11. 下面程序的运行结果是(　　)。

```
#include <stdio.h>
main()
{  int a=1,b=10,k=4,m=6, * p1=&k, * p2=&m;
   a=p1==&m;
   b=(- * p1)/( * p2)+7;
   printf("% d,% d\n",a,b);
}
```

A. -1,5　　B. 1,6　　C. 0,7　　D. 4,10

12. 以下程序的输出结果为(　　)。

```
#include<stdio.h>
void f(int * p)
{ * p=10; }
main()
{  int a=1, * p=&a;
   f(p);
   printf("% d",( * p)++); }
```

A. 10　　B. 程序有错　　C. 0　　D. 11

13. 若有 int * point ,a=4; point =&a; 下面能代表变量 a 地址的选项是(　　)。

A. a, point , * &a　　B. & * a, &a, * point

C. &point, point, &a　　D. &a, & * point, point

14. 下面的程序的输出结果是(　　)。

```
#include <stdio.h>
main()
{ int a=5, b=10, * pa, * pb;
  pa=&a; pb=&b;
  printf("a=% d, * pb=% d, ",a, * pb);
  printf(" * &a=% d\n", * &a);
}
```

A. a=5, * pb=10, * &a=5　　B. a=5, * pb=10

C. a=10, * pb=5, * &a=10　　D. 程序有错

15. 下面的程序的输出结果是(　　)。

```
#include <stdio.h>
int fun(int x,int y,int * cp,int * dp)
{ * cp=x+y; * dp=x-y; }
main()
{  int a, b, c, d;
   a=30;b=50;
```

```
    fun(a,b,&c,&d);
    printf("%d,%d\n", c,d);
}
```

A. 50,30　　B. 30,50　　C. 80,-20　　D. 80,20

16. 下面程序段执行后 a 的值是(　　)。

```
int a=0, k=4, m=6, *p1=&k, *p2=&m;
a=*p1+*&m;
printf("%d\n",a);
```

A. 4　　B. 6　　C. 0　　D. 10

17. 若有 long *p,a;下面能给变量 a 正确输入数据的程序段是(　　)。

A. *p=&a;scanf("%ld",p);

B. p=&a;scanf("%ld",*p);

C. p=&a;scanf("%ld",p);

D. scanf("%ld",a);

18. 若有 double r=66, *p=&r; *p=88;则以下正确的叙述是(　　)。

A. 以上两处的 *p 含义相同,都说明 p 是指针变量

B. 在"double r=66, *p=&r;"中,把 r 的值赋值给指针变量 p

C. 在"double r=66, *p=&r;"中,r 被赋予 66 是错误的

D. 语句"*p=88;",把 88 赋给 p 指向的实型变量 r

19. 若有定义:int a[5],*p=a;则对数组元素的正确引用是(　　)。

A. *&a[5]　　B. a+2　　C. *(p+5)　　D. *(a+2)

20. 下面程序的输出结果是(　　)。

```
#include <stdio.h>
void sub(int *s,int *y)
  { static int t=3;
     *y=s[t]; t--; }
main()
  { int a[5]={1,2,3,4},i,x=0;
    for(i=0;i<4;i++) { sub(a,&x); printf("%d",x); }
    printf("\n");
  }
```

A. 1234　　B. 4321　　C. 1212　　D. 0000

任务 12　使用结构体编程搜索最高分学生的综合信息

【任务导入】

结构体是 C 语言中一种强大的构造类型，可以包含多个不同类型的数据成员，能够方便地实现数据的封装、抽象、自定义和复杂数据结构的实现等操作，极大地扩展了 C 语言在数据结构和算法方面的应用能力。比如结构体可以将不同类型的数据组合成一个整体，方便数据的存储和操作，通过结构体可以将相关的数据成员封装在一起，作为一个整体来处理；使用结构体可以简化代码，减少重复的代码段，在处理复杂的数据结构时，可以使用结构体来代替多个不同类型的变量，使代码更加简洁易读；结构体可以隐藏数据的具体实现细节，只暴露必要的接口，使得程序更加模块化，便于维护和扩展；通过结构体可以自定义新的数据类型，满足特定应用的需求，在处理几何图形时就可以定义一个结构体来表示图形的位置、大小和方向等信息；结构体还可以用来实现复杂的数据结构，如链表、树、图等，通过结构体的指针可以方便地实现数据结构的动态创建和删除。

【学习目标】

知识目标：

(1) 能够阐述 C 语言中结构体类型的定义方法；
(2) 能够陈述 C 语言程序的结构化设计方法和编译方法；
(3) 能够阐述结构体类型变量的定义及其成员的访问方法；
(4) 能够概述在集成环境中进行程序编写、编译和调试的方法；
(5) 能够说明使用指针访问结构体数组元素内容的方法。

能力目标：

(1) 能够根据任务要求和 C 语言编程技巧完成程序设计；
(2) 能够在 DEVCPP 集成开发环境下调试和运行 C 语言程序；
(3) 能够根据任务需要查找相关资料，以获取新信息和新知识；
(4) 能够阅读、分析和撰写程序设计文档资料；
(5) 能够根据程序运行效果将程序代码设计逐步优化。

思政目标：

(1) 具备软件编程者的信息安全意识和责任担当，注重保护个人隐私；
(2) 具有精益求精的工匠精神，逐步养成简洁、高效的程序设计风格；
(3) 具有良好的沟通能力和团队协作能力；
(4) 遵守程序设计人员的职业道德准则和职业规范。

【任务工单】

<table>
<tr><td>任务名称</td><td>使用结构体编程搜索最高分学生的综合信息</td><td>参考学时</td><td>4 学时</td></tr>
<tr><td>任务描述</td><td colspan="3">一个学习小组有 5 个人,个人信息如表所示。经小组讨论,利用结构体数组存储 5 人信息,使用 C 语言编写程序,寻找取得最高分的学生并输出其所有信息。
<table>
<tr><th>学号</th><th>姓名</th><th>性别</th><th>年龄</th><th>年级</th><th>综合素质评分</th></tr>
<tr><td>101</td><td>刘一</td><td>女</td><td>18</td><td>1</td><td>85</td></tr>
<tr><td>102</td><td>陈二</td><td>男</td><td>19</td><td>1</td><td>87</td></tr>
<tr><td>103</td><td>张三</td><td>男</td><td>18</td><td>1</td><td>90</td></tr>
<tr><td>104</td><td>李四</td><td>女</td><td>19</td><td>1</td><td>95</td></tr>
<tr><td>105</td><td>王五</td><td>男</td><td>19</td><td>1</td><td>75</td></tr>
</table>
</td></tr>
<tr><td>程序设计</td><td colspan="3"></td></tr>
<tr><td>运行结果</td><td colspan="3"></td></tr>
<tr><td>任务收获</td><td colspan="3"></td></tr>
</table>

让我们了解一下 C 语言中的数据类型——结构体吧！

【知识链接】

一、结构体

让我们来了解一下 C 语言中的结构体与结构体变量吧？

1. 基本概念

在实际问题中，一组数据往往具有不同的数据类型。例如，在学生信息表中，姓名应为字符型数组；学号可为整型或字符型；年龄应为整型；性别应为字符型；分数可为整型或实型。显然不能用一个数组来存放这一组数据。因为数组中各元素的类型和长度都必须一致，以便于编译系统处理。为了解决这个问题，C 语言中给出了另一种构造数据类型——“结构(structure)”或叫“结构体”。“结构”是一种构造类型，它是由若干“成员”组成的。每一个成员可以是一个基本数据类型或者又是一个构造类型。结构既是一种“构造”而成的数据类型，那么在使用其说明变量之前必须先定义它，也就是构造它。如同在调用函数之前要先定义函数一样。

定义一个结构的一般形式为：

```
struct 结构名
{成员表列};
```

成员表列由若干个成员组成，每个成员都是该结构的一个组成部分。对每个成员也必须作类型说明，其形式为：

```
类型说明符 成员名;
```

成员名的命名应符合标识符的书写规定。例如：

```
struct student
{
    int num;                          //学号
    char name[20];                    //姓名
    char sex;                         //性别
    int  age;                         //年龄
    int  grade;                       //年级
    int score;                        //分数
};
```

在这个结构定义中，结构名为 student，该结构由 6 个成员组成。第一个成员为 num，整型变量；第二个成员为 name，字符数组；第三个成员为 sex，字符变量；第四个成员为 age、第五个成员为 grade、第六个成员为 score，都是整型变量。注意在括号后的分号是不可少的。结构体定义之后，即可使用它进行变量说明。凡说明为结构体 student 的变量都由上述 6 个成员组成。由此可见，结构是一种复杂的数据类型，是数目固定，类型不同的若干有序变量的集合。

2. 结构类型变量

说明结构变量有以下三种方法。以上面定义的 student 为例来加以说明。

(1)先定义结构体类型,再说明结构体变量。

例如:

```
struct student
{
    int num;                        //学号
    char name[20];                  //姓名
    char sex;                       //性别
    int  age;                       //年龄
    int  grade;                     //年级
    int score;                      //分数
};
struct student boy1,boy2;
```

说明了两个变量 boy1 和 boy2 为 student 结构体类型。也可以用宏定义使用一个符号常量来表示一个结构体类型。

例如:

```
#define STU struct student
STU
{
    int num;                        //学号
    char name[20];                  //姓名
    char sex;                       //性别
    int  age;                       //年龄
    int  grade;                     //年级
    int score;                      //分数
};
STU boy1,boy2;
```

(2)在定义结构体类型的同时说明结构体变量。

例如:

```
struct student
    {
    int num;                        //学号
    char name[20];                  //姓名
    char sex;                       //性别
    int  age;                       //年龄
    int  grade;                     //年级
    int score;                      //分数
    }boy1,boy2;
```

这种形式的说明的一般形式为:

```
struct 结构体类型名
{
```

```
  成员表列
}变量名表列;
```

(3)直接说明结构体变量。

例如：

```
struct
{
    int num;                        //学号
    char name[20];                  //姓名
    char sex;                       //性别
    int  age;                       //年龄
    int  grade;                     //年级
    int score;                      //分数
}boy1,boy2;
```

这种形式的说明的一般形式为：

```
struct
{
  成员表列
}变量名表列;
```

第三种方法与第二种方法的区别在于第三种方法中省去了结构体类型名，而直接给出结构体变量。说明了 boy1，boy2 变量为 student 类型后，即可向这两个变量中的各个成员赋值。在上述 student 结构体类型定义中，所有的成员都是基本数据类型或数组类型。

成员也可以又是一个结构体类型，即构成了嵌套的结构体。例如，下图给出了另一个数据结构。

num	name	sex	brithday			score
			month	day	year	

按图可给出以下结构体类型定义：

```
struct date
{
    int month;
    int day;
    int year;
};
struct
{
    int num;
    char name[20];
    char sex;
    struct date birthday;
    int score;
```

```
}boy1,boy2;
```

首先定义一个结构体类型 date,由 month(月)、day(日)、year(年)三个成员组成。在定义并说明结构体变量 boy1 和 boy2 时,其中的成员生日 birthday 被说明为 date 结构体类型。成员名可与程序中其他变量同名,互不干扰。

3. 结构体变量成员的表示方法

在程序中使用结构体变量时,往往不把它作为一个整体来使用。在 ANSI C 中除了允许具有相同类型的结构体变量相互赋值以外,一般对结构变量的使用,包括赋值、输入、输出、运算等都是通过结构体变量的成员来实现的。

表示结构体变量成员的一般形式是:

结构体变量名.成员名

例如:

boy1.num 即第一个人的学号

boy2.sex 即第二个人的性别

如果成员本身又是一个结构体则必须逐级找到最低级的成员才能使用。

例如:

boy1.birthday.month

即第一个人出生的月份成员可以在程序中单独使用,与普通变量完全相同。

结构体变量的赋值就是给各成员赋值,可用输入语句或赋值语句来完成。

例如:

```
boy1.num=102;
printf("input sex and score\n");
scanf("%c %d",&boy1.sex,&boy1.score);
```

4. 结构体变量的初始化

和其他类型变量一样,对结构体变量可以在定义时进行初始化赋值。

```
struct student                        /*定义结构体类型 student */
{
    int num;                          //学号
    char name[20];                    //姓名
    char sex;                         //性别
    int  age;                         //年龄
    int  grade;                       //年级
    int score;                        //分数
}boy2,boy1={102,"Chen er",'M',19,1,87};
```

【练习 1】使用结构体变量存储学生信息

<table>
<tr><td>练习 1</td><td>阅读分析使用结构体变量存储学生信息并输出的 C 语言程序,明确程序中各部分的功能和结构体变量的使用方法。</td></tr>
<tr><td>程序源代码</td><td><pre>
#include<stdio.h>   /* 告诉编译器包含头文件 stdio.h */
main()   /* 告诉编译器 C 程序由此开始执行 */
{   /* 程序执行开始 */
  struct student   /* 定义结构体类型 student */
    {
        int num;   //学号
        char name[20];   //姓名
        char sex;   //性别
        int age;   //年龄
        int grade;   //年级
        int score;   //分数
    }boy2,boy1={102,"Chen er",'M',19,1,87};
     boy2=boy1;
  printf("Number=%d\nName=%s\n",boy2.num,boy2.name);
  printf("Sex=%c\nAge=%d\n",boy2.sex,boy2.age);
  printf("Grade=%d\nScore=%d\n",boy2.grade,boy2.score);
  printf("完成人:XXX");
}   /* 程序执行结束 */
</pre></td></tr>
<tr><td>运行的结果</td><td></td></tr>
<tr><td>疑问与收获</td><td></td></tr>
</table>

二、结构体数组

让我们来了解一下 C 语言中的结构体数组如何使用吧?

1. 定义形式

在 C 语言中,数组的元素可以是基本类型的,也可以是构造类型的,因此我们可以定义说明结构体数组。结构体数组的每一个元素都是具有相同结构体类型的下标结构体变量。在实际应用中,经常用结构体数组来表示具有相同数据结构的一个群体。如一个班级的学生档案,一个车间职工的工资表等。

定义说明结构体数组的方法和定义结构体变量相似,只需说明它为数组类型即可。

例如:

```
struct student                              /* 定义结构体类型 student * /
{
  int num;
  char name[20];
  char sex;
  float score;
}stu[5];                                    /* 定义结构体数组 stu[5] * /
```

定义了一个结构体数组 stu,共有 5 个元素,stu[0]~stu[4]。每个数组元素都具有 struct stu 的结构形式。

2. 结构体数组的初始化

对结构体数组来说,可以如同基本类型数组一样,进行初始化赋值。

例如:

```
struct student                              /* 定义结构体类型 student * /
{
  int num;
  char name[20];
  char sex;
  float score;
}stu[5]={                                   /* 定义结构体数组 stu[5] * /
        {101,"Li si",'F',48.5},
        {102,"Zhang san",'M',62.5},
        {103,"Wang wu",'M',92.5},
        {104,"Chen er",'M',88.7},
        {105,"Liu yi",'F',56.8},
        };
```

当对全部数组元素作初始化赋值时,同基本类型数组一样也可不给出数组长度。

【练习 2】搜索不及格学生并输出其信息

练习 2	阅读分析使用结构体数组存储学生信息，搜索不及格学生并输出其信息的 C 语言程序，明确程序中各部分的功能和结构体数组的使用方法

程序源代码	`#include<stdio.h>`　/* 告诉编译器包含头文件 stdio.h */
	`struct student`　/* 定义结构体类型 student */
	`{`
	`int num;`
	`char name[20];`
	`char sex;`
	`float score;`
	`}stu[5]={`　/* 定义结构体数组 stu[5] */
	`{101,"Li si",'F',48.5},`
	`{102,"Zhang san",'M',62.5},`
	`{103,"Wang wu",'M',92.5},`
	`{104,"Chen er",'M',88.7},`
	`{105,"Liu yi",'F',56.8},`
	`};`
	`main()`　/* 告诉编译器 C 程序由此开始执行 */
	`{`　/* 程序执行开始 */
	`int i;`　/* 循环控制变量 i 为基本整型变量 */
	`for(i=0;i<5;i++)`
	`if(stu[i].score<60)`
	`{`
	`printf("Number=%d\nName=%s\n", stu[i].num,stu[i].name);`
	`printf("Sex=%c\nScore=%f\n", stu[i].sex,stu[i].score);`
	`}`
	`printf("完成人:XXX");`
	`}`　/* 程序执行结束 */

运行的结果	
疑问与收获	

三、结构体指针变量

让我们学习一下结构体指针变量吧？

1. 指向结构体变量的指针

当一个指针变量指向一个结构体变量时，称之为结构体指针变量。结构体指针变量中的值是所指向的结构体变量的首地址。通过结构体指针即可访问该结构体变量，这与数组指针和函数指针的情况是相同的。

结构指针变量说明的一般形式为：

struct 结构体类型名 *结构体指针变量名

例如，在前面定义了 student 这个结构体类型，如要说明一个指向 student 的指针变量 st，可写为：

```
struct student *st;
```

当然也可在定义 student 结构体同时说明 st，与前面讨论的各类指针变量相同，结构体指针变量也必须要先赋值后才能使用。

赋值是把结构体变量的首地址赋予该指针变量，不能把结构名赋予该指针变量。如果 boy 是被说明为 student 类型的结构体变量，则：

```
st=&boy;
```

是正确的，而：

```
st=&student;
```

是错误的。

结构体类型名和结构变量是两个不同的概念，不能混淆。结构体类型名只能表示一个结构形式，编译系统并不对它分配内存空间。只有当某变量被说明为这种类型的结构体时，才对该变量分配存储空间。因此上面 &student 这种写法是错误的，不可能去取一个结构体类型名的首地址。有了结构体指针变量，就能更方便地访问结构体变量的各个成员。

其访问的一般形式为：

(*结构体指针变量).成员名

或为：

结构体指针变量->成员名

例如：

```
(*st).num
```

或者：

```
st->num
```

应该注意(*st)两侧的括号不可少，因为成员符“.”的优先级高于“*”。如去掉括号写作 *st.num 则等效于 *(st.num)，这样意义就完全不对了。

下面通过例子来说明结构指针变量的具体说明和使用方法。

例如：

```
struct student                          /* 定义结构体类型 student * /
{
  int num;
  char name[20];
  char sex;
  float score;
}boy1={102,"Zhang san",'M',62.5}, * st;
st=&boy1;
  printf("Number=% d\nName=% s\n",boy1.num,boy1.name);
  printf("Sex=% c\nScore=% f\n\n",boy1.sex,boy1.score);
  printf("Number=% d\nName=% s\n",( * st).num,( * st).name);
  printf("Sex=% c\nScore=% f\n\n",( * st).sex,( * st).score);
  printf("Number=% d\nName=% s\n",st ->num,st ->name);
  printf("Sex=% c\nScore=% f\n\n",st ->sex,st ->score);
}
```

本例中定义了一个结构 student,定义了结构体变量 boy1 并作了初始化赋值,还定义了一个指向 student 类型结构体变量的指针变量 st,st 被赋予 boy1 的地址,因此 st 指向 boy1,然后在 printf 语句内用三种形式输出 boy1 的各个成员值。根据上机运行结果能够看出:

结构体变量.成员名

(* 结构体指针变量).成员名

结构体指针变量->成员名

这三种用于表示结构体成员的形式是完全等效的。

2. 指向结构体数组的指针

同样,指针变量可以指向一个结构体数组,这时结构体指针变量的值是整个结构体数组的首地址。结构体指针变量也可以指向结构体数组的任一个元素,这时结构指针变量的值是该结构体数组元素的首地址。

设 ps 为指向结构体数组的指针变量,当 ps 指向该结构体数组下标为 0 的数组元素,ps+1 指向该结构体数组下标为 1 的数组元素,ps+i 则指向该结构体数组下标为 i 的数组元素,这与普通数组的情况是一致的。

例如:

```
struct student                          /* 定义结构体类型 student * /
{
  int num;
  char name[20];
  char sex;
  float score;
}stu[5]={                               /* 定义结构体数组 stu[5] * /
        {101,"Li si",'F',48.5},
```

```
        {102,"Zhang san",'M',62.5},
        {103,"Wang wu",'M',92.5},
        {104,"Chen er",'M',88.7},
        {105,"Liu yi",'F',56.8},
        };
    struct student *ps;
    printf("No\tName\t\t\tSex\tScore\t\n");
    for(ps=stu;ps<stu+5;ps++)
      printf("%d\t%s\t\t%c\t%f\t\n",ps->num,ps->name,ps->sex,ps->score);
```

在程序段中，定义了 student 结构体类型的数组 stu 并做了初始化赋值，又定义 ps 为指向 student 结构体类型的指针。在循环语句 for 的表达式 1 中，ps 被赋予 stu 的首地址，然后循环 5 次，输出 stu 数组中各成员值。

应该注意的是，一个结构体指针变量虽然可以用来访问结构体变量或结构体数组元素的成员，但是不能使它指向一个成员，也就是说不允许取一个成员的地址来赋予该指针变量。因此，下面的赋值是错误的。

```
ps=&stu[1].sex;
```

而只能是：

```
ps=stu;(赋予数组首地址)
```

或者是：

```
ps=&stu[0];(赋予数组第一个元素首地址)
```

3. 结构体指针变量作函数参数

在 C 语言中允许使用结构体变量作函数参数进行整体传送，但是这种传送要将全部成员逐个传送，特别是成员为数组时将会使传送的时间和空间开销很大，会严重地降低了程序的效率。因此最好的办法就是使用指针，即用指针变量作函数参数进行传送，这时由实参传向形参的只是地址，从而减少了时间和空间的开销。

例如，在练习 3 程序中定义了函数 aver，其形参为结构体指针变量 ps。stu 被定义为外部结构体数组，因此在整个源程序中有效。在 main 函数中定义说明了结构体指针变量 st，并把结构体数组 stu 的首地址赋予它，使指针变量 st 指向结构体数组 stu，然后以指针变量 st 作实参调用函数 aver。在函数 aver 中完成计算平均成绩的工作并输出结果。由于程序全部采用指针变量作运算和处理，故速度更快，程序效率更高。

【练习 3】结构体指针变量作函数参数求全组平均值

练习 3	阅读分析使用结构体数组存储学生信息，计算全组平均成绩并输出的 C 语言程序，明确程序中各部分的功能和结构体指针变量的使用方法。

程序源代码

```
#include<stdio.h>                /* 告诉编译器包含头文件 stdio.h */
struct student                   /* 定义结构体类型 student */
{
    int num;
    char name[20];
    char sex;
    float score;
}stu[5]={                        /* 定义结构体数组 stu[5] */
          {101,"Li si",'F',48.5},
          {102,"Zhang san",'M',62.5},
          {103,"Wang wu",'M',92.5},
          {104,"Chen er",'M',88.7},
          {105,"Liu yi",'F',56.8},
        };
aver(struct student *ps)
{
    int i;
    float ave,s=0;
    for(i=0;i<5;i++,ps++)
        s+=ps->score;
    printf("s=%f\n",s);
    ave=s/5;
    printf("average=%f\n",ave);
}
main()                           /* 告诉编译器 C 程序由此开始执行 */
{                                /* 程序执行开始 */
    struct student *st;          /* 定义结构体指针 st */
    st=stu;
    aver(st);
    printf("完成人:XXX");
}                                /* 程序执行结束 */
```

运行的结果	
疑问与收获	

【任务实施】

任务解析

在编程中,完成最高分学生的综合信息输出等查询问题是非常常见的任务。为了完成这个任务,学习者可以将该任务分解为四个步骤来完成。

(1)定义学生结构体:创建一个数据结构来明确学生的各种信息,这通常是一个结构体(struct),其中包含学生的学号、姓名、性别、年龄和成绩等字段。

(2)创建学生结构体数组:创建一个足够大的可以存储多个学生综合信息的学生结构体数组,并将这些学生的信息存入数组如表 12-1 所示。

表 12-1　学生结构体数组

学号	姓名	性别	年龄	年级	综合素质评分
101	刘一	女	18	1	85
102	陈二	男	19	1	87
103	张三	男	18	1	90
104	李四	女	19	1	95
105	王五	男	19	1	75

(3)寻找最高分学生:遍历学生结构体数组,比较每个学生的成绩,找出成绩最高的学生;这里通常涉及一个循环,需要使用循环语句 for、while 或者 do... while;还要定义一个变量来跟踪当前找到的最高分。

(4)输出结果:一旦找到最高分学生,应该格式化输出该学生的综合信息,包括最高分学生的学号、姓名、性别、年龄和成绩等内容;这里需要使用 printf 函数将结果输出到标准输出设备(显示器),并且应该对各种数据信息进行格式化规范输出。

注意事项:

(1)代码测试:在完成编程后,应对代码进行测试,确保在各种情况下都能正确运行;可以使用不同的学生信息组合来验证程序的正确性;例如,如果出现两个或两个以上最高分学生时,如何进行程序修正,进一步调试以修复 bug(错误)。

(2)文档和注释:养成为代码添加适当的注释的良好习惯,解释每个部分的功能和实现细节;尝试编写文档,说明程序的使用方法、输入格式、输出格式和注意事项,逐步形成个人独特的编程风格等。

(3)用户界面:尝试开发查询功能,设计出易于交流使用的用户界面,例如用户想要查找某位学生的信息,通过输入学生的学号就可以查询到这名学生的综合信息。

做一做

团队成员共同完成上面知识链接的学习,经小组分工讨论,学生通过搜集 C 语言编程的相关资料、按照任务要求实施程序的编写、编辑与调试工作。完成后每个人需要填写任务工单，在收获一栏中注明本次任务是否能够独立完成，不能独立完成时得到的启发和帮助有哪些，在程序的编写、编辑与调试过程中有哪些收获，现在还存在哪些困惑，同时注意个人的程序书写是否规范，观察程序运行结果是否简洁、合理，最后按照自己在任务实施过程中的表现，给自己评分，满分 20 分。

同时以小组为单位填写任务实施与评价表格，如表 12-2 所示。

表 12-2 任务实施与评价表

<table>
<tr><td>课程名称</td><td colspan="3">C 语言程序设计</td><td>班级</td><td></td></tr>
<tr><td>任务名称</td><td colspan="3"></td><td>学时</td><td></td></tr>
<tr><td>组长</td><td></td><td>小组成员</td><td colspan="3"></td></tr>
<tr><td>任务
概述</td><td colspan="5"></td></tr>
<tr><td>实施
过程</td><td colspan="5"></td></tr>
<tr><td>工作
结果</td><td colspan="5"></td></tr>
<tr><td>疑问
收获</td><td colspan="5"></td></tr>
<tr><td>小组
自评</td><td colspan="5"></td></tr>
<tr><td>教师
评价</td><td colspan="5"></td></tr>
</table>

在表中重点记录任务实施过程中每个人在团队中所做出的贡献,个人和团队在编写和调试程序过程中所遇到的困难及解决方案,同时按照每个人在任务实施过程中的参与度,经讨论后由组长给予评分,满分 30 分;最后由教师按照小组任务完成情况对小组进行评分,满分 50 分。

【知识拓展】

接下来让我们了解一下动态存储分配吧!

一、动态存储分配

在学习数组时,曾强调过数组的长度是预先定义好的,在整个程序中固定不变。C 语言中不允许动态数组类型。

例如:

```
int n;
scanf("%d",&n);
int a[n];
```

用变量表示长度,想对数组的大小作动态说明,这是错误的。但是在实际的编程中,往往会发生这种情况,即所需的内存空间取决于实际输入的数据,而无法预先确定。对于这种问题,用数组的办法很难解决。为了解决上述问题,C 语言提供了一些内存管理函数,这些内存管理函数可以按需要动态地分配内存空间,也可把不再使用的空间回收待用,为有效地利用内存资源提供了手段。

常用的内存管理函数有以下三个。

(1)分配内存空间函数 malloc

调用形式:

```
(类型说明符*)malloc(size)
```

功能:在内存的动态存储区中分配一块长度为“size”字节的连续区域。函数的返回值为该区域的首地址。

“类型说明符”表示把该区域用于何种数据类型。

“(类型说明符*)”表示把返回值强制转换为该类型指针。

“size”是一个无符号数。

例如:

```
pc=(char*)malloc(100);
```

表示分配 100 个字节的内存空间,并强制转换为字符数组类型,函数的返回值为指向该字符数组的指针,把该指针赋予指针变量 pc。

(2)分配内存空间函数 calloc

calloc 也用于分配内存空间。

调用形式:

```
(类型说明符*)calloc(n,size)
```

功能:在内存动态存储区中分配 n 块长度为“size”字节的连续区域。函数的返回值为该区域的首地址。

(类型说明符＊)用于强制类型转换。

calloc 函数与 malloc 函数的区别仅在于一次可以分配 n 块区域。

例如：

```
ps=(struet stu*)calloc(2,sizeof(struct stu));
```

其中的“sizeof(struct stu)”是求 stu 的结构长度。因此该语句的意思是：按 stu 的长度分配 2 块连续区域，强制转换为 stu 类型，并把其首地址赋予指针变量 ps。

(3)释放内存空间函数 free

调用形式：

```
free(void*ptr);
```

功能：释放 ptr 所指向的一块内存空间，ptr 是一个任意类型的指针变量，它指向被释放区域的首地址。被释放区应是由 malloc 或 calloc 函数所分配的区域。

例如：分配一块区域，输入一个学生数据。

```
struct stu
{
  int num;
  char name[20];
  char sex;
  float score;
}  *ps;
ps=(struct stu*)malloc(sizeof(struct stu));
ps->num=102;
ps->name="Zhang ping";
ps->sex='M';
ps->score=62.5;
printf("Number=%d\nName=%s\n",ps->num,ps->name);
printf("Sex=%c\nScore=%f\n",ps->sex,ps->score);
free(ps);
```

本例中，定义了结构 stu，定义了 stu 类型指针变量 ps。然后分配一块 stu 大小的内存区，并把首地址赋予 ps，使 ps 指向该区域。再以 ps 为指向结构的指针变量对各成员赋值，并用 printf 输出各成员值。最后用 free 函数释放 ps 指向的内存空间。整个程序包含了申请内存空间、使用内存空间、释放内存空间三个步骤，实现存储空间的动态分配。

二、枚举类型

在实际问题中，有些变量的取值被限定在一个有限的范围内。例如，一个星期内只有 7 天，一年只有 12 个月，一个班每周有 6 门课程等。如果把这些量说明为整型，字符型或其他类型显然是不妥当的。为此，C 语言提供了一种称为“枚举”的类型。在“枚举”类型的定义中列举出所有可能的取值，被说明为该“枚举”类型的变量取值不能超过定义的范围。应该说明的是，枚举类型是一种基本数据类型，而不是一种构造类型，因为它不能再分解为任何基本类型。

(1)枚举类型的定义和枚举变量的说明

枚举的定义枚举类型定义的一般形式为：

```
enum 枚举名{ 枚举值表 };
```

在枚举值表中应罗列出所有可用值。这些值也称为枚举元素。

例如：

```
enum weekday{ sun,mou,tue,wed,thu,fri,sat };
```

该枚举名为 weekday,枚举值共有 7 个,即一周中的 7 天。凡被说明为 weekday 类型变量的取值只能是 7 天中的某一天。

枚举变量的说明如同结构体一样,枚举变量也可用不同的方式说明,即先定义后说明,同时定义说明或直接说明。

设有变量 a,b,c 被说明为上述的 weekday,可采用下述任一种方式：

```
enum weekday{ sun,mou,tue,wed,thu,fri,sat };
enum weekday a,b,c;
```

或者为：

```
enum weekday{ sun,mou,tue,wed,thu,fri,sat }a,b,c;
```

或者为：

```
enum { sun,mou,tue,wed,thu,fri,sat }a,b,c;
```

(2)枚举类型变量的赋值和使用

枚举类型在使用中有以下规定：

枚举值是常量,不是变量。不能在程序中用赋值语句再对它赋值。

例如对枚举 weekday 的元素再作以下赋值：

```
sun=5;
mon=2;
sun=mon;
```

都是错误的。

枚举元素本身由系统定义了一个表示序号的数值,从 0 开始顺序定义为 0,1,2…。如在 weekday 中,sun 值为 0,mon 值为 1,…,sat 值为 6。

例如：

```
enum weekday
{ sun,mon,tue,wed,thu,fri,sat } a,b,c;
a=sun;
b=mon;
c=tue;
printf("% d,% d,% d",a,b,c);
```

说明：

只能把枚举值赋予枚举变量,不能把元素的数值直接赋予枚举变量。如：

```
a=sum;
b=mon;
```

是正确的。而：

```
a=0;
b=1;
```

是错误的。如一定要把数值赋予枚举变量,则必须用强制类型转换。

如：

```
a=(enum weekday)2;
```

其意义是将顺序号为2的枚举元素赋予枚举变量a,相当于:

```
a=tue;
```

还应该说明的是枚举元素不是字符常量也不是字符串常量,使用时不要加单、双引号。

三、类型定义符 typedef

C语言不仅提供了丰富的数据类型,而且还允许由用户自己定义类型说明符,也就是说允许由用户为数据类型取"别名"。类型定义符 typedef 即可用来完成此功能。

typedef 定义的一般形式为:

```
typedef 原类型名　新类型名
```

其中原类型名中含有定义部分,新类型名一般用大写表示,以便于区别。

例如,有整型量a,b,其说明如下:

```
int a,b;
```

其中 int 是整型变量的类型说明符。int 的完整写法为 integer,为了增加程序的可读性,可把整型说明符用 typedef 定义为:

```
typedef int INTEGER
```

这以后就可用 INTEGER 来代替 int 作整型变量的类型说明了。

例如:

```
INTEGER a,b;
```

它等效于:

```
int a,b;
```

用 typedef 定义数组、指针、结构体等类型将带来很大的方便,不仅使程序书写简单而且使意义更为明确,因而增强了可读性。

例如:

typedef char NAME[20];表示 NAME 是字符数组类型,数组长度为20。

然后可用 NAME 说明变量,如:

```
NAME a1,a2,s1,s2;
```

完全等效于:

```
char a1[20],a2[20],s1[20],s2[20]
```

又如:

```
typedef struct student
{ char name[20];
  int age;
  char sex;
} STU;
```

定义 STU 表示 student 的结构体类型,然后可用 STU 来说明结构变量:

```
STU body1,body2;
```

有时也可用宏定义来代替 typedef 的功能,但是宏定义是由预处理完成的,而 typedef 则是在编译时完成的,后者更为灵活方便。

名言谚语

"人类最高的欲求,是在时时创造新的生活。"——李大钊(中国共产主义运动的先驱)。

这句话表达了中国共产党人对于不断改造旧世界、创造新生活的追求和渴望,号召全体中国人民通过不断创新和探索,创造出更加美好的生活和社会形态;这句话鼓励人们要敢于尝试新的事物,勇于挑战旧有的观念和规则,不断推动社会的进步和发展,只要人们有勇气和决心,就能够创造出更加美好的未来。生活在新时代的我们同样应该有不断追求更高、更好的生活状态的愿望,并且把这种追求体现在日常生产生活的方方面面,以一种积极向上的生活态度和精神,不断追求创新和进步,追求中华民族的伟大复兴,追求更加甜美的生活。

【课后习题】

1. 下面关于C语言结构体描述正确的是(　　)。

A. 结构体是一种基本数据类型

B. 结构体可以包含不同类型的成员

C. 结构体变量可以直接赋值

D. 结构体不能嵌套定义

2. 下面程序的输出结果是(　　)。

```
#include <stdio.h>
struct Data
    { char name[10];
      int age;
    };
main()
  { struct Dataa = {"Hello", 30};
    printf("% s % d \n",a.name, a.age);
  }
```

A. Hello 30　　B. Hello　　C. 30　　D. 没有输出

3. 结构体变量作为函数参数传递时,实际上是传递了结构体变量的(　　)。

A. 值和地址　　B. 地址　　C. 首地址　　D. 值

4. 下面程序段中,结构体变量的哪个成员的值会被初始化为5?(　　)

```
struct gzint
{  int x;
   long y;
   unsigned z;
};
struct gzint p = {5};
```

A. p. x　　B. p. y　　C. p. z　　D. 所有成员

5. 下面哪个选项是不合法的结构体成员类型?(　　)

A. 函数　　B. 数组　　C. 结构体　　D. 枚举

6. 在C语言中,结构体成员访问运算符是(　　)。

A. ->　　B. .　　C. :　　D. %

7. 下面程序的输出结果是(　　)。

```
#include <stdio.h>
struct Person
  { char name[20];
    int age;
  };
main()
{ struct Person p1 = {"Jake", 25};
  struct Person p2 = p1;  p2.age =23;
  printf("% s % d\n", p1.name, p1.age);
}
```

A. Jake　25　　B. Jake　23　　C. Jake　　D. 23

8. 下面哪个选项不是C语言结构体的特点？(　　)

A. 可以包含不同类型的数据成员

B. 可以嵌套其他结构体作为成员

C. 可以包含函数成员

D. 可以作为函数的参数

9. 在C语言中,枚举是一种(　　)。

A. 变量类型　　B. 用户定义的数据类型

C. 关键字　　D. 函数类型

10. 结构体数组是否可以作为函数的参数传递？(　　)

A. 可以,传递的是数组的值

B. 可以,传递的是数组的首地址

C. 不可以,因为结构体数组太大

D. 不可以,因为结构体数组不能作为参数

11. 结构体数组中的每个元素都相当于是一个(　　)。

A. 结构体变量　　B. 结构体指针　　C. 结构体类型　　D. 结构体函数

12. 下面程序的输出结果是(　　)。

```
#include <stdio.h>
struct Box
  { int w;
    int h;
    int s;
  };
main()
  { struct Box b = {10,20, 30};
    int s = sizeof(b);
    printf("% d\n", b.s);
  }
```

A. 10　　B. 20　　C. 30　　D. 6

13. 下面关于枚举的说法正确的是(　　)。

A. 枚举的值可以是浮点数。

B. 枚举的值可以是任意整数。

C. 枚举的值必须是连续的。

D. 枚举的值不能是负数。

14. 结构体成员可以是另一个结构体类型,这种特性称为(　　)。

A. 结构体嵌套　　B. 结构体继承　　C. 结构体封装　　D. 结构体多态

15. 下面哪个选项是结构体数组的正确声明方式?(　　)

A. struct Student students;

B. struct Student *students;

C. struct Student students[5];

D. struct Student *students[10];

16. C 语言结构体数组所占用的内存空间是连续的吗?(　　)

A. 是的

B. 不是

C. 只有当数组元素是相同类型的结构体时才是连续的

D. 只有当数组元素是不同类型的结构体时才是连续的

17. 若要遍历一个包含 n 个结构体的数组,通常使用哪种循环?(　　)

A. for 循环　　B. while 循环　　C. do-while 循环　　D. 以上都可以

18. 若结构体数组 struct Student students[3]; 则 students 表示的是(　　)。

A. 结构体类型的名称

B. 结构体数组第一个元素的地址

C. 结构体数组的第一个元素

D. 结构体变量的名称

19. 下面能够用于访问结构体数组 stu[10]中第二个学生 age 成员的是(　　)。

A. stu.age[1]　　B. stu[1].age　　C. stu->age[1]　　D. *stu[1].age

20. 下面程序中的指针 p 将指是(　　)。

```
#include <stdio.h>
struct car
  { char model[20];
    int year;
  };
main()
  { struct car mycar = {"Toyota", 2020};
    int *p = &mycar.year;
    printf("%d\n", *p);
  }
```

A. mycar 结构体　　B. mycar.model 字符串

C. mycar.year 整数　　D. 不能确定

附录A 文 件

一、概述

所谓"文件"是指一组相关数据的有序集合。这个数据集有一个名称,叫作文件名。实际上在前面的任务中我们已经多次使用了文件,例如源程序文件、目标文件、可执行文件、库文件 (头文件)等。

文件通常是驻留在外部介质(如磁盘等)上的,在使用时才调入内存中来。从不同的角度可对文件做不同的分类。从用户的角度看,文件可分为普通文件和设备文件两种。

普通文件是指驻留在磁盘或其他外部介质上的一个有序数据集,可以是源文件、目标文件、可执行程序;也可以是一组待输入处理的原始数据,或者是一组输出的结果。源文件、目标文件、可执行程序可以称作程序文件,输入输出数据可称作数据文件。

设备文件是指与主机相连的各种外部设备,如显示器、打印机、键盘等。在操作系统中,把外部设备也看作是一个文件来进行管理,把它们的输入、输出等同于对磁盘文件的读和写。

通常把显示器定义为标准输出文件,一般情况下在屏幕上显示有关信息就是向标准输出文件输出。如前面经常使用的 printf( )、putchar( )函数就是这类输出。

键盘通常被指定标准的输入文件,从键盘上输入就意味着从标准输入文件上输入数据。scanf( )、getchar( )函数就属于这类输入。

从文件编码的方式来看,文件可分为 ASCII 码文件和二进制码文件两种。ASCII 文件也称为文本文件,这种文件在磁盘中存放时每个字符对应一个字节,用于存放对应的 ASCII 码。

例如,数字 5678 的存储形式如下,共占用 4 个字节。

ASCII 码:	00110101	00110110	00110111	00111000
	↓	↓	↓	↓
十进制码:	5	6	7	8

ASCII 码文件可在屏幕上按字符显示,例如源程序文件就是 ASCII 文件,用 DOS 命令 TYPE 可显示文件的内容。由于是按字符显示,因此能读懂文件内容。

二进制文件是按二进制的编码方式来存放文件的。

例如:十进制数 5678 的存储形式如下,共占用 2 个字节。

二进制形式: 00010110 00101110

二进制文件虽然也可在屏幕上显示,但其内容无法读懂。C 语言系统在处理这些文件时,并不区分类型,都看成是字符流,按字节进行处理。

输入输出字符流的开始和结束只由程序控制而不受物理符号(如回车符)的控制, 因此也把这种文件称作"流式文件"。

下面讨论流式文件的打开、关闭、读、写、定位等各种操作。

二、文件指针

在C语言中用一个指针变量指向一个文件，这个指针称为文件指针。通过文件指针就可对它所指的文件进行各种操作。

定义说明文件指针的一般形式为：

```
FILE * 指针变量标识符;
```

其中FILE应为大写，它实际上是由系统定义的一个结构，该结构中含有文件名、文件状态和文件当前位置等信息。在编写源程序时不必关心FILE结构的细节。

例如：

```
FILE * fp;
```

表示fp是指向FILE结构的指针变量，通过fp即可找到存放某个文件信息的结构变量，然后按结构变量提供的信息找到该文件，实施对文件的操作。习惯上也笼统地把fp称为指向一个文件的指针。

三、文件的打开与关闭

文件在进行读写操作之前要先打开，使用完毕要关闭。所谓打开文件，实际上是建立文件的各种有关信息，并使文件指针指向该文件，以便进行其他操作。关闭文件则断开指针与文件之间的联系，也就禁止再对该文件进行操作。在C语言中，文件操作都是由库函数来完成的。

1. 文件的打开(fopen()函数)

fopen()函数用来打开一个文件，其调用的一般形式为：

```
文件指针名=fopen(文件名,使用文件方式);
```

其中：

“文件指针名”必须是被说明为FILE类型的指针变量；

“文件名”是被打开文件的文件名；

“使用文件方式”是指文件的类型和操作要求。

“文件名”是字符串常量或字符串数组。

例如：

```
FILE * fp;
fp=("file a","r");
```

其意义是在当前目录下打开文件file a，只允许进行“读”操作，并使fp指向该文件。

又如：

```
FILE * fphzk
fphzk=("c:\\hzk16","rb")
```

其意义是打开C驱动器磁盘的根目录下的文件hzk16，这是一个二进制文件，只允许按二进制方式进行读操作。两个反斜线“\\”中的第一个表示转义字符，第二个表示根目录。

使用文件的方式共有12种，附表A-1中给出了它们的符号和意义。

附表 A-1 文件的使用方式及意义

文件的使用方式	意义
“rt”	只读打开一个文本文件,只允许读数据
“wt”	只写打开或建立一个文本文件,只允许写数据
“at”	追加打开一个文本文件,并在文件末尾写数据
“rb”	只读打开一个二进制文件,只允许读数据
“wb”	只写打开或建立一个二进制文件,只允许写数据
“ab”	追加打开一个二进制文件,并在文件末尾写数据
“rt+”	读写打开一个文本文件,允许读和写
“wt+”	读写打开或建立一个文本文件,允许读和写
“at+”	读写打开一个文本文件,允许读,或在文件末追加数据
“rb+”	读写打开一个二进制文件,允许读和写
“wb+”	读写打开或建立一个二进制文件,允许读和写
“ab+”	读写打开一个二进制文件,允许读,或在文件末追加数据

对于文件使用方式有以下几点说明:

(1)文件使用方式由 r、w、a、t、b、+六个字符拼成,各字符的含义是:

r(read):读

w(write):写

a(append):追加

t(text):文本文件,可省略不写

b(banary):二进制文件

+:读和写

(2)凡用“r”打开一个文件时,该文件必须已经存在,且只能从该文件读出。

(3)用“w”打开的文件只能向该文件写入。若打开的文件不存在,则以指定的文件名建立该文件,若打开的文件已经存在,则将该文件删去,重建一个新文件。

(4)若要向一个已存在的文件追加新的信息,只能用“a”方式打开文件。但此时该文件必须是存在的,否则将会出错。

(5)在打开一个文件时,如果出错,fopen 将返回一个空指针值 NULL。在程序中可以用这一信息来判别是否完成打开文件的工作,并做相应的处理。因此常用以下程序段打开文件:

```
if(fp=fopen("c:\\hzk16","rb")= =NULL)
{
printf("\nerror on open c:\\hzk16 file!");
getch();
exit(1);
}
```

这段程序的意义是,如果返回的指针为空,表示不能打开 C 盘根目录下的 hzk16 文件,则给出提示信息“nerror on open c:\ hzk16 file!”,下一行 getch()的功能是从键盘输入一个字符,但不在屏幕上显示。在这里,该行的作用是等待,只有当用户敲击键盘的任一键时,程序才继续执行,因此用户可利用这个等待时间阅读出错提示。敲键后执行 exit(1)退出程序。

(6)把一个文本文件读入内存时,要将 ASCII 码转换成二进制码,而把文件以文本方式写入磁盘时,也要把二进制码转换成 ASCII 码,因此文本文件的读写要花费较多的转换时间。对二进制文件的读写不存在这种转换。

(7)标准输入文件(键盘)、标准输出文件(显示器)、标准出错输出(出错信息)是由系统打开的,可直接使用。

2. 文件关闭函数(fclose()函数)

文件一旦使用完毕,应用关闭文件函数把文件关闭,以避免文件的数据丢失等错误。

fclose 函数调用的一般形式是:

```
fclose(文件指针);
```

例如:

```
fclose(fp);
```

正常完成关闭文件操作时,fclose 函数返回值为 0。如返回非零值则表示有错误发生。

四、字符读写函数 fgetc()和 fputc()

对文件的读和写是最常用的文件操作。在 C 语言中提供了多种文件读写的函数:

(1)字符读写函数:fgetc()和 fputc()。

(2)字符串读写函数:fgets()和 fputs()。

(3)数据块读写函数:freed()和 fwrite()。

(4)格式化读写函数:fscanf()和 fprinf()。

以上函数的使用都需要包含头文件 stdio. h。

字符读写函数是以字符(字节)为单位的读写函数。每次可从文件读出或向文件写入一个字符。

1. 读字符函数 fgetc()

fgetc()函数的功能是从指定的文件中读一个字符,函数调用的形式为:

```
字符变量=fgetc(文件指针);
```

例如:

```
ch=fgetc(fp);
```

其意义是从打开的文件 fp 中读取一个字符并送入 ch 中。

对于 fgetc()函数的使用有以下几点说明:

(1)在 fgetc()函数调用中,读取的文件必须是以读或读写方式打开的。

(2)读取字符的结果也可以不向字符变量赋值,但是读出的字符不能保存。

例如:

```
fgetc(fp);
```

(3)在文件内部有一个位置指针,用来指向文件的当前读写字节。在文件打开时,该指针总是指向文件的第一个字节。使用 fgetc()函数后,该位置指针将向后移动一个字节。因此可连续多次使用 fgetc()函数,读取多个字符。应注意文件指针和文件内部的位置指针不是一回事。文件指针是指向整个文件的,须在程序中定义说明,只要不重新赋值,文件指针的值是不变的。文件内部的位置指针用以指示文件内部的当前读写位置,每读写一次,该指针均向后移动,它不需在程序中定义说明,而是由系统自动设置的。

2. 写字符函数 fputc()

fputc()函数的功能是把一个字符写入指定的文件中,函数调用的形式为:

```
fputc(字符量,文件指针);
```

其中,待写入的字符量可以是字符常量或变量,例如:

```
fputc('a',fp);
```

其意义是把字符 a 写入 fp 所指向的文件中。

对于 fputc()函数的使用也要说明几点:

(1)被写入的文件可以用写、读写、追加方式打开,用写或读写方式打开一个已存在的文件时,将清除原有的文件内容,写入字符从文件首开始。如需保留原有文件内容,希望写入的字符以文件末开始存放,必须以追加方式打开文件。被写入的文件若不存在,则创建该文件。

(2)每写入一个字符,文件内部位置指针向后移动一个字节。

(3)fputc()函数有一个返回值,如写入成功则返回写入的字符,否则返回一个 EOF。可用此来判断写入是否成功。

五、字符串读写函数 fgets()和 fputs()

1. 读字符串函数 fgets()

fgets 函数的功能是从指定的文件中读一个字符串到字符数组中,函数调用的形式为:

```
fgets(字符数组名,n,文件指针);
```

其中的 n 是一个正整数。表示从文件中读出的字符串不超过 n-1 个字符。在读入的最后一个字符后加上串结束标志'\ 0'。

例如:

```
fgets(str,n,fp);
```

该语句的意义是从 fp 所指的文件中读出 n-1 个字符并送入字符数组 str 中。

对 fgets()函数有两点说明:

(1)在读出 n-1 个字符之前,如遇到了换行符或 EOF,则读出结束。

(2)fgets()函数也有返回值,其返回值是字符数组的首地址。

2. 写字符串函数 fputs()

fputs()函数的功能是向指定的文件写入一个字符串,其调用形式为:

```
fputs(字符串,文件指针);
```

其中字符串可以是字符串常量,也可以是字符数组名或指针变量,例如:

```
fputs("abcd",fp);
```

其意义是把字符串"abcd"写入 fp 所指的文件之中。

六、数据块读写函数 fread()和 fwtrite()

C 语言还提供了用于整块数据的读写函数,可用来读写一组数据,如一个数组元素,一个结构变量的值等。

读数据块函数调用的一般形式为:

```
fread(buffer,size,count,fp);
```

写数据块函数调用的一般形式为:

```
fwrite(buffer,size,count,fp);
```

其中:

buffer 是一个指针,在 fread( ) 函数中,它表示存放输入数据的首地址;在 fwrite( ) 函数中,它表示存放输出数据的首地址。

size 表示数据块的字节数。

count 表示要读写的数据块块数。

fp 表示文件指针。

例如:

```
fread(fa,4,5,fp);
```

其意义是从 fp 所指的文件中,每次读 4 个字节(一个实数)送入实型数组 fa 中,连续读 5 次,即读 5 个实数到 fa 中。

七、格式化读写函数 fscanf( ) 和 fprintf( )

fscanf( )、fprintf( ) 函数与前面使用的 scanf( ) 和 printf( ) 函数的功能相似,都是格式化读写函数。两者的区别在于 fscanf( ) 函数和 fprintf( ) 函数的读写对象不是键盘和显示器,而是磁盘文件。

这两个函数的调用格式为:

```
fscanf(文件指针,格式字符串,输入表列);
fprintf(文件指针,格式字符串,输出表列);
```

例如:

```
fscanf(fp,"%d%s",&i,s);
fprintf(fp,"%d%c",j,ch);
```

八、文件的随机读写

前面介绍的文件的读写方式都是顺序读写,即读写文件只能从头开始,顺序读写各个数据,但在实际问题中常要求只读写文件中某一指定的部分。为了解决这个问题,可移动文件内部的位置指针到需要读写的位置,再进行读写,这种读写称为随机读写。实现随机读写的关键是按要求移动位置指针,这称为文件的定位。

1. 文件定位

移动文件内部位置指针的函数主要有两个,即 rewind( ) 函数和 fseek( ) 函数。

rewind( ) 函数的调用形式为:

```
rewind(文件指针);
```

它的功能是把文件内部的位置指针移到文件首。

fseek( ) 函数用来移动文件内部位置指针,其调用形式为:

```
fseek(文件指针,位移量,起始点);
```

其中:

“文件指针”指向被移动的文件。

“位移量”表示移动的字节数,要求位移量是 long 型数据,以便在文件长度大于 64 KB 时不会出错。当用常量表示位移量时,要求加后缀“L”。

“起始点”表示从何处开始计算位移量,规定的起始点有三种:文件首、当前位置和文件末尾。

其表示方法如附表 A-2。

附表 A-2 文件的起始点

起始点	表示符号	数字表示
文件首	SEEK_SET	0
当前位置	SEEK_CUR	1
文件末尾	SEEK_END	2

例如：

```
fseek(fp,100L,0);
```

其意义是把位置指针移到离文件首 100 个字节处。

还要说明的是 fseek( ) 函数一般用于二进制文件。在文本文件中由于要进行转换，故往往计算的位置会出现错误。

2. 文件的随机读写

在移动位置指针之后，即可用前面介绍的任一种读写函数进行读写。由于一般是读写一个数据块，因此常用 fread( ) 和 fwrite( ) 函数。

九、文件检测函数

C 语言中常用的文件检测函数有以下几个。

1. 文件结束检测函数 feof( )

feof( ) 函数调用格式：

```
feof(文件指针);
```

功能：判断文件是否处于文件结束位置，如文件结束，则返回值为 1，否则为 0。

2. 读写文件出错检测函数 ferror( )

ferror( ) 函数调用格式：

```
ferror(文件指针);
```

功能：检查文件在用各种输入输出函数进行读写时是否出错，如返回值为 0 表示未出错，否则表示有错。

3. 文件出错标志和文件结束标志置 0 函数 dearerr( )

clearerr( ) 函数调用格式：

```
clearerr(文件指针);
```

功能：本函数用于清除出错标志和文件结束标志，使它们为 0 值。

十、库文件

系统提供了丰富的系统文件，称为库文件，包含了常量定义、类型定义、宏定义、函数原型以及各种编译选择设置等信息。包括各种函数的目标代码，供用户在程序中调用。通常在程序中调用一个库函数时，要在调用之前包含该函数原型所在的“. h”文件。下面给出 Turbo C 的主要“. h”文件。

■alloc. h　　说明内存管理函数(分配、释放等)。

■assert. h　　定义 assert 调试宏。

■bios. h　　说明调用 IBM—PC ROM BIOS 子程序的各个函数。

■conio. h　　说明调用 DOS 控制台 I/O 子程序的各个函数。

■ctype. h　　包含有关字符分类及转换的各类信息(如 isalpha 和 toascii 等)。

■dir. h　　包含有关目录和路径的结构、宏定义和函数。

■dos. h　　定义和说明 MSDOS 和 8086 调用的一些常量和函数。

■erron. h　　定义错误代码的助记符。

■fcntl. h　　定义在与 open 库子程序连接时的符号常量。

■float. h　　包含有关浮点运算的一些参数和函数。

■graphics. h　　说明有关图形功能的各个函数,图形错误代码的常量定义,不同驱动程序的各种颜色值,及函数用到的一些特殊结构。

■io. h　　包含低级 I/O 子程序的结构和说明。

■limit. h　　包含各环境参数、编译时间限制、数的范围等信息。

■math. h　　说明数学运算函数。

■mem. h　　说明一些内存操作函数。

■process. h　　说明进程管理的各个函数。

■setjmp. h　　定义 longjmp( ) 和 setjmp( ) 函数用到的 jmp buf 类型,说明这两个函数。

■share. h　　定义文件共享函数的参数。

■signal. h　　定义 SIG__IGN 和 SIG__DFL 常量,说明 rajse 和 signal 两个函数。

■stdarg. h　　定义读函数参数表的宏。(如 vprintf( )、vscarf( ) 函数)。

■stddef. h　　定义一些公共数据类型和宏。

■stdio. h　　定义 Kernighan 和 Ritchie 在 Unix System V 中定义的标准和扩展的类型和宏。还定义标准 I/O 预定义流:stdin,stdout 和 stderr,说明 I/O 流子程序。

■stdlib. h　　说明一些常用的子程序:转换子程序、搜索/排序子程序等。

■string. h　　说明一些串操作和内存操作函数。

■sys\stat. h　　定义在打开和创建文件时用到的一些符号常量。

■sys\types. h　　说明 ftime( ) 函数和 timeb 结构。

■sys\time. h　　定义时间的类型 time_t。

■time. h　　定义时间转换子程序 asctime、localtime 和 gmtime 的结构,ctime、difftime、gmtime、localtime 和 stime 用到的类型,并提供这些函数的原型。

■value. h　　定义一些重要常量,包括依赖于机器硬件的和为与 Unix System V 相兼容而说明的一些常量,包括浮点和双精度值的范围。

附录 B 函　　数

一、概述

C 语言程序是由函数组成的,虽然在前面各任务的程序中大都只有一个主函数 main( ),但实用程序往往由多个函数组成。函数是 C 语言程序的基本模块,通过对函数模块的调用实现特定的功能。C 语言中的函数相当于其他高级语言的子程序。C 语言不仅提供了极为丰富的库函数(如 Turbo C、MS C 都提供了三百多个库函数),还允许用户建立自己定义的函数。用户可以把自己的算法编成一个个相对独立的函数模块,然后用调用的方法来使用函数。可以说 C 语言程序的全部工作都是由各式各样的函数完成的,所以也把 C 语言称为函数式语言。由于采用了函数模块式的结构,因此 C 语言易于实现结构化程序设计,使程序的层次结构清晰,便于程序的编写、阅读、调试。在 C 语言中,可以从不同的角度对函数分类。

(1)从函数定义的角度看,函数可分为库函数和用户定义函数两种。

①库函数:由 C 语言系统提供,用户无须定义,也不必在程序中做类型说明,只需在程序前包含有该函数原型的头文件即可在程序中直接调用。在前面各任务中反复用到 printf( )、scanf( )、getchar( )、putchar( )、gets( )、puts( )等函数均属此类。

②用户定义函数:由用户按需要自己编写的函数。对于用户定义函数,不仅要在程序中定义函数本身,而且在主调函数模块中还必须对该被调函数进行类型说明,然后才能使用。

(2)C 语言的函数兼有其他语言中的函数和过程两种功能,从这个角度看,又可把函数分为有返回值函数和无返回值函数两种。

①有返回值函数:此类函数被调用执行完后将向调用者返回一个执行结果,称为函数返回值。如数学函数即属于此类函数。由用户定义的这种要返回函数值的函数,必须在函数定义和函数说明中明确返回值的类型。

②无返回值函数:此类函数用于完成某项特定的处理任务,执行完成后不向调用者返回函数值。这类函数类似于其他语言的过程。由于函数无须返回值,用户在定义此类函数时可指定它的返回为“空类型”, 空类型的说明符为“void”。

(3)从主调函数和被调函数之间数据传送的角度看又可分为无参函数和有参函数两种。

①无参函数:函数定义、函数说明及函数调用中均不带参数。主调函数和被调函数之间不进行参数传送。此类函数通常用来完成一组指定的功能,可以返回或不返回函数值。

②有参函数:也称为带参函数。在函数定义及函数说明时带有参数,称为形式参数(简称为形参)。在函数调用时也必须给出参数,称为实际参数(简称为实参)。进行函数调用时,主调函数将把实参的值传送给形参,供被调函数使用。

(4)C 语言提供了极为丰富的库函数,这些库函数又可从功能角度做以下分类:

①字符类型分类函数:用于对字符按 ASCII 码分类,字母、数字、控制字符、分隔符、大小写字母等。

②转换函数:用于字符或字符串的转换;在字符量和各类数字量(整型,实型等)之间进行转换;在大小写之间进行转换。

③目录路径函数:用于文件目录和路径操作。

④诊断函数:用于内部错误检测。

⑤图形函数:用于屏幕管理和各种图形功能。

⑥输入输出函数:用于完成输入输出功能。

⑦接口函数:用于与 DOS、BIOS 和硬件的接口。

⑧字符串函数:用于字符串操作和处理。

⑨内存管理函数:用于内存管理。

⑩数学函数:用于数学函数计算。

⑪日期和时间函数:用于日期、时间转换操作。

⑫进程控制函数:用于进程管理和控制。

⑬其他函数:用于其他各种功能。

以上各类函数不仅数量多,而且有的还需要掌握硬件知识才能使用,因此要想全部掌握则需要一个较长的学习过程,应首先掌握一些最基本、最常用的函数,再逐步深入。由于课时关系,我们只介绍了很少一部分库函数,其余部分函数读者可根据需要查阅有关手册。

还应该指出的是,在 C 语言中,所有的函数定义,包括主函数 main()在内,都是平行的。也就是说,在一个函数的函数体内,不能再定义另一个函数,即不能嵌套定义。但是函数之间允许相互调用,也允许嵌套调用。习惯上把调用者称为主调函数。函数还可以自己调用自己,称为递归调用。

main()函数是主函数,它可以调用其他函数,而不允许被其他函数调用。因此,C 语言程序的执行总是从 main()函数开始,完成对其他函数的调用后再返回到 main()函数,最后由 main()函数结束整个程序。一个 C 语言程序必须有,也只能有一个主函数 main()。

二、函数定义的一般形式

无参函数的定义形式为:

```
类型标识符 函数名()
{声明部分
  执行部分
}
```

其中"类型标识符"和"函数名称"为函数头(函数说明部分)。类型标识符指明了本函数的类型,函数的类型实际上是函数返回值的类型。该类型标识符与前面介绍的各种说明符相同。函数名是由用户定义的标识符,函数名后有一个空括号,其中无参数,但括号不可少。

{}中的内容称为函数体。在函数体中的声明部分,是对函数体内部所用到的变量的类型说明。

在很多情况下都不要求无参函数有返回值,此时函数类型符可以写为 void。

我们可以定义一个函数：

```
void Hello()
{
  printf ("Hello,world \n");
}
```

Hello()函数是一个无参函数，当被其他函数调用时，输出 Hello world 字符串。

有参函数定义的一般形式为：

```
类型标识符 函数名(形式参数表列)
{声明部分
  语句
}
```

有参函数比无参函数多了一个内容，即“形式参数表”。在形式参数表中给出的参数称为形式参数，它们可以是各种类型的变量，各参数之间用逗号间隔。在进行函数调用时，主调函数将赋予这些形式参数实际的值。形式参数既然是变量，必须在形式参数表中给出它的类型说明。

例如，定义一个函数，用于求两个数中的大数，可写为：

```
int max(int a, int b)
{
  if (a>b)return a;
  else return b;
}
```

第一行说明 max()函数是一个整型函数，其返回的函数值是一个整数。形式参数为 a、b，均为整型量。a、b 的具体值是由主调函数在调用时传送过来的。在{}中的函数体内，除形式参数外没有使用其他变量，因此只有执行部分而没有声明部分。在 max()函数体中的 return 语句是把 a(或 b)的值作为函数的值返回给主调函数。有返回值函数中至少应有一个 return 语句。

在 C 语言程序中，一个函数的定义可以放在任意位置，既可放在主函数 main()之前，也可放在 main()之后。

三、函数的参数

函数的参数分为形式参数和实际参数两种。形式参数出现在函数定义中，在整个函数体内都可以使用，离开该函数则不能使用。实际参数出现在主调函数中，进入被调函数后，实际参数变量也不能使用。形式参数和实际参数的功能是作数据传送。发生函数调用时，主调函数把实际参数的值传送给被调函数的形式参数从而实现主调函数向被调函数的数据传送。

函数的形式参数和实际参数具有以下特点：

(1)形式参数变量只有在被调用时才分配内存单元，在调用结束时，即刻释放所分配的内存单元。因此，形式参数只有在函数内部有效。函数调用结束返回主调函数后则不能再使用该形式参数变量。

(2)实际参数可以是常量、变量、表达式、函数等，无论实际参数是何种类型的量，在进行函数调用时，它们都必须具有确定的值，以便把这些值传送给形式参数。因此，应预先用赋值,输入等办法使实际参数获得确定值。

(3)实际参数和形式参数在数量上、类型上、顺序上应严格一致,否则会发生“类型不匹配”的错误。

(4)函数调用中发生的数据传送是单向的,即只能把实际参数的值传送给形式参数,而不能把形式参数的值反向地传送给实际参数。因此,在函数调用过程中,形式参数的值发生了改变,实际参数中的值不会随之变化。

例如,一个求1到n累加和的程序。

```
main()
{
    int n;
    printf("input number\n");
    scanf("% d",&n);
    s(n);
    printf("n=% d\n",n);
}
int s(int n)
{
    int i;
    for(i=n-1;i>=1;i--)
      n=n+i;
    printf("n=% d\n",n);
}
```

本程序中定义了一个函数s,该函数的功能是求1到n的累加和。在主函数中输入n值,并作为实际参数,在调用时传送给s函数的形式参数变量n(注意,本例的形式参数变量和实际参数变量的标识符都为n,但这是两个不同的量,各自的作用域不同)。在主函数中用printf语句输出一次n值,这个n值是实际参数n的值。在函数s中也用printf语句输出了一次n值,这个n值是形式参数最后取得的n值。从运行情况看,输入n值为100,即实际参数n的值为100;把此值传给函数s时,形式参数n的初值也为100,在执行函数过程中,形式参数n的值变为5050。返回主函数之后,输出实际参数n的值仍为100,可见实际参数的值不随形式参数的变化而变化。

四、函数的值

函数的值(或称函数的返回值)是指函数被调用之后,执行函数体中的程序段所取得的并返回给主调函数的值。例如调用正弦函数取得的正弦值,调用max函数取得的最大数等。对函数的值有以下一些说明:

(1)函数的值只能通过return语句返回主调函数。

return语句的一般形式为:

```
return 表达式;
```

或者为:

```
return (表达式);
```

该语句的功能是计算表达式的值,并返回给主调函数。在函数中允许有多个return语句,但每次调用只能有一个 return 语句被执行,因此只能返回一个函数值。

(2)函数值的类型和函数定义中函数的类型应保持一致。如果两者不一致,则以函数类型为准,自动进行类型转换。

(3)如函数值为整型,在函数定义时可以省去类型说明。

(4)不返回函数值的函数,可以明确定义为“空类型”,类型说明符为“void”。如上例中函数 s 并不向主函数返回函数值,因此可定义为:

```
void s(int n)
{……
}
```

一旦函数被定义为空类型后,就不能在主调函数中使用被调函数的函数值了。例如,在定义 s 为空类型后,在主函数中写下述语句:

```
sum=s(n);
```

就是错误的。

为了使程序有良好的可读性并减少出错,凡不要求返回值的函数都应定义为空类型。

五、函数调用的方式

在程序中是通过对函数的调用来执行函数体的,其过程与其他语言的子程序调用相似。

C 语言中,函数调用的一般形式为:

函数名(实际参数表)

对无参函数调用时则无实际参数表。实际参数表中的参数可以是常数,变量或其他构造类型数据及表达式。各实际参数之间用逗号分隔。

在 C 语言中,可以用以下几种方式调用函数:

(1)函数表达式:函数作为表达式中的一项出现在表达式中,以函数返回值参与表达式的运算。这种方式要求函数是有返回值的。例如:z=max(x,y)是一个赋值表达式,把 max 的返回值赋予变量 z。

(2)函数语句:函数调用的一般形式加上分号即构成函数语句。例如:printf ("%d",a);scanf ("%d",&b);都是以函数语句的方式调用函数。

(3)函数实际参数:函数作为另一个函数调用的实际参数出现。这种情况是把该函数的返回值作为实际参数进行传送,因此要求该函数必须是有返回值的。例如:printf("%d",max(x,y));即是把 max( )调用的返回值又作为 printf( )函数的实际参数来使用的。在函数调用中还应该注意的一个问题是求值顺序的问题。所谓求值顺序是指对实参表中各量是自左至右使用呢,还是自右至左使用。对此,各系统的规定不一定相同。

例如,程序如下:

```
main()
{
    int i=8;
    printf("%d\n%d\n%d\n%d\n",++i,--i,i++,i--);
}
```

如按照从右至左的顺序求值,运行结果应为:

8
7
7
8

如对 printf( )语句中的++i、--i、i++、i--从左至右求值，运行结果应为：

9
8
8
9

应特别注意的是，无论是从左至右求值，还是自右至左求值，其输出顺序都是不变的，即输出顺序总是和实际参数表中实际参数的顺序相同。

六、被调用函数的声明和函数原型

在主调函数中调用某函数之前应对该被调函数进行说明(声明)，这与使用变量之前要先进行变量说明是一样的。在主调函数中对被调函数做说明的目的是使编译系统知道被调函数返回值的类型，以便在主调函数中按此种类型对返回值做相应的处理。

其一般形式为：

类型说明符 被调函数名(类型 形式参数,类型 形式参数…);

或为：

类型说明符 被调函数名(类型,类型…);

括号内给出了形式参数的类型和形式参数名，或只给出形式参数类型。这便于编译系统进行检错，以防止可能出现的错误。

main( )函数中对 max( )函数的说明为：

```
nt max(int a,int b);
```

或写为：

```
int max(int,int);
```

C 语言中又规定在以下几种情况时可以省去主调函数中对被调函数的函数说明：

(1)如果被调函数的返回值是整型或字符型时，可以不对被调函数做说明，而直接调用。这时系统将自动对被调函数返回值按整型处理。

(2)当被调函数的函数定义出现在主调函数之前时，在主调函数中也可以不对被调函数再做说明而直接调用。例如，函数 max( )的定义放在 main( )函数之前，因此可在 main( )函数中省去对 max( )函数的函数说明 int max(int a,int b)。

(3)如在所有函数定义之前，在函数外预先说明了各个函数的类型，则在以后的各主调函数中，可不再对被调函数做说明。例如：

```
char str(int a);
float f(float b);
main()
{
  ......
}
char str(int a)
```

```
{
  ……
}
float f(float b)
{
  ……
}
```

其中第一、二行对 str( ) 函数和 f( ) 函数预先做了说明。因此,在以后各函数中无须对 str( ) 和 f( ) 函数再做说明就可直接调用。

(4) 对库函数的调用不需要再做说明,但必须把该函数的头文件用 include 命令包含在源文件前部。

七、函数的嵌套调用

C 语言中不允许做嵌套的函数定义。因此,各函数之间是平行的,不存在上一级函数和下一级函数的问题。但是 C 语言允许在一个函数的定义中出现对另一个函数的调用。这样就出现了函数的嵌套调用,即在被调函数中又调用其他函数。这与其他语言的子程序嵌套的情形是类似的,其关系如附图 B-1 所示。

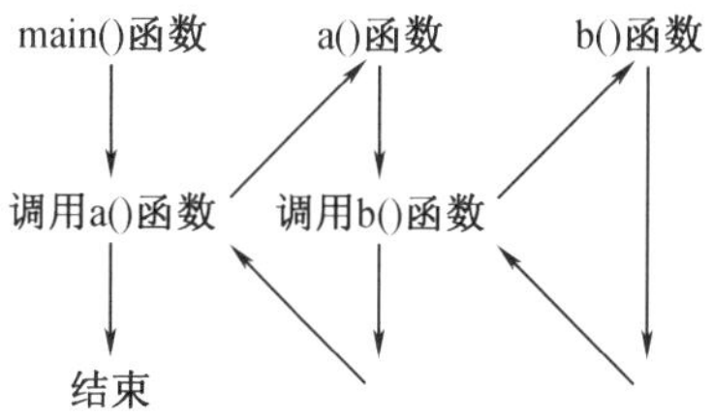

附图 B-1 函数的嵌套调用

附图 B-1 表示了两层嵌套的情形。其执行过程是:执行 main( ) 函数中调用 a( ) 函数的语句时,即转去执行 a( ) 函数,在 a( ) 函数中调用 b( ) 函数时,又转去执行 b( ) 函数,b( ) 函数执行完毕返回 a( ) 函数的断点继续执行,a( ) 函数执行完毕返回 main( ) 函数的断点继续执行。

八、函数的递归调用

一个函数在它的函数体内调用它自身称为递归调用。这种函数称为递归函数。C 语言允许函数的递归调用。在递归调用中,主调函数又是被调函数。执行递归的函数将反复调用其自身,每调用一次就进入新的一层。

例如,有函数 f 如下:

```
int f(int x)
{
  int y;
  z=f(y);
  return z;
}
```

这个函数是一个递归函数。但是运行该函数将无休止地调用其自身，这当然是不正确的。为了防止递归调用无休止地进行，必须在函数内有终止递归调用的手段。常用的办法是加条件判断，满足某种条件后就不再做递归调用，然后逐层返回。下面举例说明递归调用的执行过程。用递归法计算 n！可用下述公式表示：

$$n! = 1 \qquad (n=0,1)$$
$$n\times(n-1)! \qquad (n>1)$$

按公式可编程如下：

```
long ff(int n)
{
    long f;
    if(n<0)printf("n<0,input error");
    else if(n==0||n==1)f=1;
    else f=ff(n-1)*n;
    return(f);
}
main()
{
    int n;
    long y;
    printf("\ninput a inteager number:\n");
    scanf("%d",&n);
    y=ff(n);
    printf("%d!=%ld",n,y);
}
```

程序中给出的函数 ff( ) 是一个递归函数。主函数调用 ff( ) 函数后即进入函数 ff( ) 执行，如果 n<0、n==0 或 n=1 时都将结束函数的执行，否则就递归调用 ff( ) 函数自身。由于每次递归调用的实际参数为 n-1，即把 n-1 的值赋予形式参数 n，最后当 n-1 的值为 1 时再做递归调用，形式参数 n 的值也为 1，将使递归终止；然后可逐层退回。

下面我们再举例说明该过程。设执行本程序时输入为 5，即求 5!。在主函数中的调用语句即为 y=ff(5)，进入 ff( ) 函数后，由于 n=5，不等于 0 或 1，故应执行 f=ff(n-1)*n，即 f=ff(5-1)*5。该语句对 ff( ) 函数做递归调用即 ff(4)。

进行四次递归调用后，ff( ) 函数形式参数取得的值变为 1，故不再继续递归调用而开始逐层返回主调函数。ff(1) 的函数返回值为 1，ff(2) 的返回值为 1*2=2，ff(3) 的返回值为 2*3=6，ff(4) 的返回值为 6*4=24，最后返回值 ff(5) 为 24*5=120。

九、数组作为函数参数

数组可以作为函数的参数使用，进行数据传送。数组用作函数参数有两种形式，一种是把数组元素（下标变量）作为实际参数使用；另一种是把数组名作为函数的形式参数和实际参数使用。

1. 数组元素作函数实际参数

数组元素就是下标变量,它与普通变量并无区别。因此,它作为函数实际参数使用与普通变量是完全相同的,在发生函数调用时,把作为实际参数的数组元素的值传送给形式参数,实现单向的值传送。

2. 数组名作为函数参数

用数组名作函数参数与用数组元素作实际参数有几点不同:

(1)用数组元素作为实际参数时,只要数组类型和函数的形式参数变量的类型一致,那么作为下标变量的数组元素的类型也和函数形式参数变量的类型是一致的。因此,并不要求函数的形式参数也是下标变量。换句话说,对数组元素的处理是按普通变量对待的。用数组名作为函数参数时,则要求形式参数和相对应的实际参数都必须是类型相同的数组,都必须有明确的数组说明。当形式参数和实际参数二者不一致时,即会发生错误。

(2)在普通变量或下标变量作为函数参数时,形式参数变量和实际参数变量是由编译系统分配的两个不同的内存单元。在函数调用时发生的值传送是把实际参数变量的值赋予形式参数变量。在用数组名作函数参数时,不是进行值的传送,即不是把实际参数数组的每一个元素的值都赋予形式参数数组的各个元素。因为实际上形式参数数组并不存在,编译系统不为形式参数数组分配内存。那么,数据的传送是如何实现的呢?前面曾介绍过,数组名就是数组的首地址。因此,在数组名作为函数参数时所进行的传送是地址的传送,也就是说把实际参数数组的首地址赋予形式参数数组名。形式参数数组名取得该首地址之后,也就等于有了实在的数组。实际上是形式参数数组和实际参数数组为同一数组,共同拥有一段内存空间。

(3)前面已经讨论过,在变量作为函数参数时,所进行的值传送是单向的,即只能从实际参数传向形式参数,不能从形式参数传回实际参数。形式参数的初值和实际参数相同,而形式参数的值发生改变后,实际参数并不变化,两者的终值是不同的。而当用数组名作函数参数时,情况则不同。由于实际上形式参数和实际参数为同一数组,因此当形式参数数组发生变化时,实际参数数组也随之变化。当然这种情况不能理解为发生了“双向”的值传递,但从实际情况来看,调用函数之后实际参数数组的值将由于形式参数数组值的变化而变化。

附录 C　单片机 C51 语言

一、概述

单片微型计算机(single chip microcomputer)是大规模集成电路技术发展的产物,它将中央处理器(CPU)、存储器(ROM/RAM)、输入输出接口、定时器/计数器等主要计算机部件集成在一个芯片上,又称为单片机或微控制器。目前单片机是计算机家族中重要的一员。单片机配上适当的外围设备和软件,便可构成一个单片机应用系统。单片机具有集成度高、体积小、功耗低、控制功能强、扩展灵活、微型化、使用方便、价格低和抗干扰能力强等特点,被广泛应用于工农业生产、国防、科研及日常生活等各个领域。目前 8 位单片机以 51 系列单片机为主,其具备典型的硬件结构和众多的逻辑操作功能,堪称一代"名机",目前主要生产厂商有 Atmel(爱特梅尔)、Philips(飞利浦)、STC(宏晶)、Winbond(华邦)等。

51 系列单片机可以使用高级语言实现编程操作,其 C51 语言的常量、变量、运算符、表达式和控制语句等语法规则与 C 语言基本相同,使用 C51 语言编写程序同样采用函数结构,每个 C51 语言程序由一个或多个函数组成。在这些函数中至少应包含一个且只有一个主函数 main( )函数和若干个其他的功能函数。一个函数由"函数定义"和"函数体"两个部分组成。函数定义部分包括函数类型、函数名、形式参数说明等,函数名后面必须跟一个圆括号( ),形式参数在( )内定义。函数体中由一对花括号{ }将函数体的内容括起来。如果一个函数内有多个{ },则由最外层的一对{ }扩起来的是函数体内容。C51 语言程序结构一般如下:

```
#include <reg51.h>                    //预处理命令
main( )                               //主函数
{
  函数体;
}
```

C51 语言中通常有两种文件:一种文件用于保存程序的声明,称为头文件,头文件以". h "为后缀;另一种文件用于保存程序的实现,称为定义文件,定义文件以". c "为后缀。include 是指文件包含,所谓"文件包含"是指在一个文件内将另外一个文件的内容全部包含进来。因为被包含的文件中的一些定义和命令使用的频率很高,几乎每个程序都可能要用到,为了提高编程效率,减少编程人员的重复劳动,将这些定义和命令单独组成一个头文件。头文件 reg51. h 里面主要是一些特殊功能寄存器的地址声明,还包括一些可以位寻址的位地址声明。头文件 reg51. h 中具体内容如下:

```
/*-----------------------------------------------------------------
REG51.H
Header file for generic 80C51 and 80C31 microcontroller.
Copyright (c)1988-2001 Keil Elektronik GmbH and Keil Software, Inc.
```

```
-----------------------------------------------------------------------*/
/*  BYTE Register  */
sfr P0  =0x80;
sfr P1  =0x90;
sfr P2  =0xA0;
sfr P3  =0xB0;
sfr PSW  =0xD0;
sfr ACC  =0xE0;
sfr B   =0xF0;
sfr SP  =0x81;
sfr DPL  =0x82;
sfr DPH  =0x83;
sfr PCON=0x87;
sfr TCON=0x88;
sfr TMOD=0x89;
sfr TL0  =0x8A;
sfr TL1  =0x8B;
sfr TH0  =0x8C;
sfr TH1  =0x8D;
sfr IE  =0xA8;
sfr IP  =0xB8;
sfr SCON=0x98;
sfr SBUF=0x99;
/*  BIT Register  */
/*  PSW  */
sbit CY  =0xD7;
sbit AC  =0xD6;
sbit F0  =0xD5;
sbit RS1  =0xD4;
sbit RS0  =0xD3;
sbit OV  =0xD2;
sbit P   =0xD0;
/*  TCON  */
sbit TF1  =0x8F;
sbit TR1  =0x8E;
sbit TF0  =0x8D;
sbit TR0  =0x8C;
sbit IE1  =0x8B;
sbit IT1  =0x8A;
sbit IE0  =0x89;
sbit IT0  =0x88;
/*  IE  */
```

```
sbit EA   =0xAF;
sbit ES   =0xAC;
sbit ET1   =0xAB;
sbit EX1   =0xAA;
sbit ET0   =0xA9;
sbit EX0   =0xA8;
/*  IP  */
sbit PS   =0xBC;
sbit PT1   =0xBB;
sbit PX1   =0xBA;
sbit PT0   =0xB9;
sbit PX0   =0xB8;
/*  P3  */
sbit RD   =0xB7;
sbit WR   =0xB6;
sbit T1   =0xB5;
sbit T0   =0xB4;
sbit INT1=0xB3;
sbit INT0=0xB2;
sbit TXD   =0xB1;
sbit RXD   =0xB0;
/*  SCON  */
sbit SM0   =0x9F;
sbit SM1   =0x9E;
sbit SM2   =0x9D;
sbit REN   =0x9C;
sbit TB8   =0x9B;
sbit RB8   =0x9A;
sbit TI   =0x99;
sbit RI   =0x98;
/*-----------------------------------------------------------------------*/
```

二、单片机报警灯项目设计

1. 电路设计

设计一个简单的单片机报警灯电路，如附图 C-1 所示。电路的核心是单片机 AT89C51，C_1、C_2 和晶振 X_1 构成晶振电路，C_3、R_2、R_3 和按键构成按键复位电路，P1.0 引脚接发光二极管，二极管的正极通过限流电阻接到电源的正极。当单片机启动时，二极管按程序设定的时间闪烁。

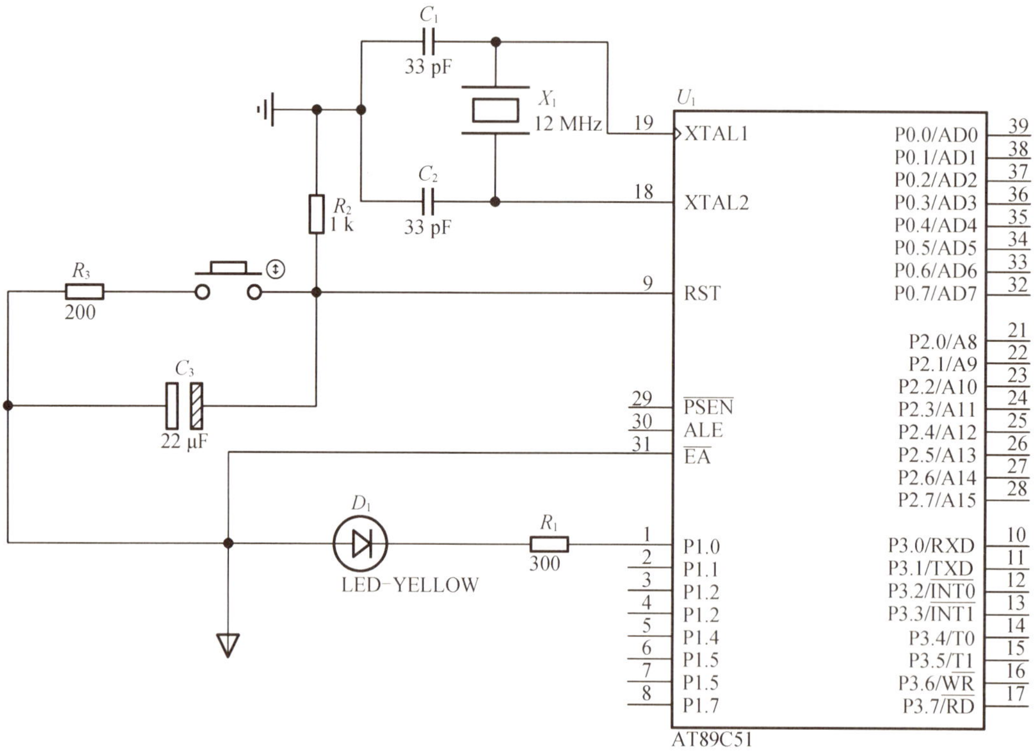

附图 C-1　电路图

2. C51 语言源程序

根据设计要求，编制报警灯的程序流程图，如附图 C-2 所示。

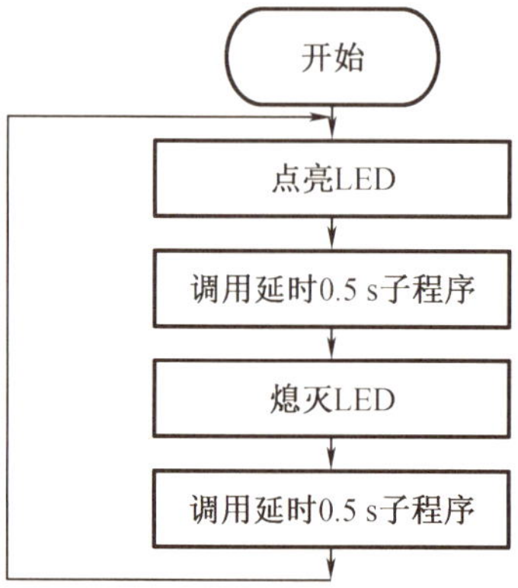

(a)主函数流程图

附图 C-2　程序流程图

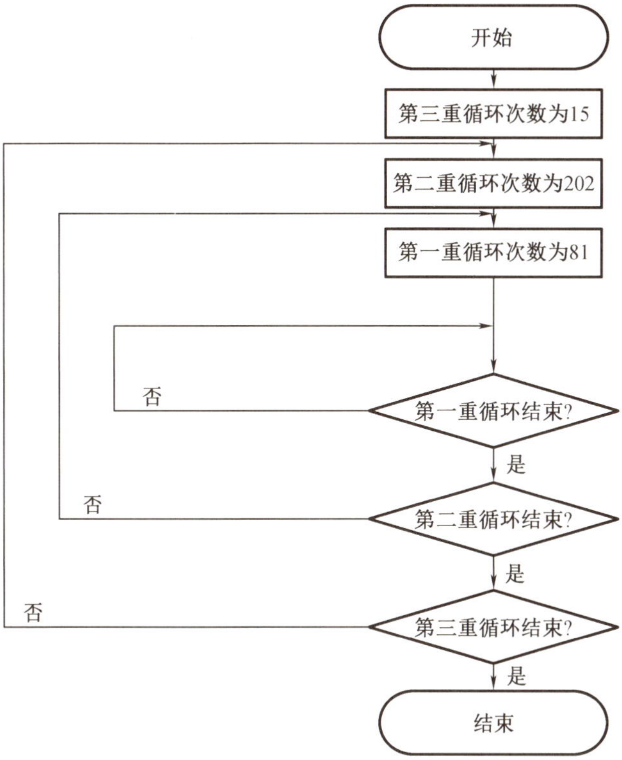

(b)延时 0.5 s 函数流程图

附图 C-2(续)

根据流程图,结合硬件结构完成 C51 语言源程序的编写工作。C51 语言源程序代码如下:

```
#include <reg51.h>                  //预处理命令,包含头文件
sbit led=P1^0;                      //定义位变量 led 为 P1.0
delay()                             //延时 0.5 s 函数
{
  unsigned char i,j,k;
  for(i=15;i>0;i--)
    for(j=202;j>0;j--)
      for(k=81;k>0;k--);
}
main()                              //C51 语言主函数
{ while(1)                          //循环语句 while,当小括号中的值为非 0 数时,
  {                                 //反复执行下面{  }中的语句组
  led=0;                            //单片机 P1.0 引脚输出一个低电平 0 V,点亮发光二极管
  delay();                          //调用延时 0.5 s 函数
  led=1;                            //单片机 P1.0 引脚输出一个高电平 5 V,熄灭发光二极管
  delay();
  }
}
```

说明:使用"sbit"定义位变量,"unsigned char i,j,k;"定义无符字符型变量 i、j、k,这样可以节省单片机内部资源,其有效值为 0~255。主函数 main( )调用延时 0.5 s 函数 delay( )。while(1)表示无限循环,一个发光二极管 LED 点亮 0.5 s 后,然后熄灭 0.5 s,再点亮 0.5 s,循环往复。

附录 D　信息的表示与存储

一直以来，人类用文字、图表、数字表达和记录着世界上各种各样的信息，以便于交流，现在可以把这些信息都输入到计算机中，由计算机来保存和处理。当代冯·诺依曼型计算机都使用二进制来表示数据，这里所要讨论的就是用二进制来表示这些数据。

一、计算机中的数据

经过收集、整理和组织起来的数据，能成为有用的信息。数据是指能够输入计算机并被计算机处理的数字、字母和符号的集合。平常所看到的景象和听到的事实，都可以用数据来描述。可以说，只要计算机能够接受的信息都可叫作数据。在计算机内部，数据都是以二进制的形式存储和运算的。计算机数据的表示经常用到以下几个概念。

1. 位

二进制数据中的一个位(bit)简记为 b，音译为比特，是计算机存储数据的最小单位。一个二进制位只能表示 0 或 1 两种状态，要表示更多的信息，就要把多个位组合成一个整体，一般以 8 位二进制组成一个基本单位。

2. 字节

字节是计算机数据处理的最基本单位，并主要以字节为单位解释信息。字节(Byte)简记为 B，规定一个字节为 8 位，即 1 B=8 bit。每个字节由 8 个二进制位组成。一般情况下，一个 ASCII 码占用一个字节，一个汉字国际码占用两个字节。

3. 字

一个字通常由一个或若干个字节组成。字(Word)是计算机进行数据处理时，一次存取、加工和传送的数据长度。由于字长是计算机一次所能处理信息的实际位数，因此它决定了计算机数据处理的速度，是衡量计算机性能的一个重要指标，字长越长，性能越好。

4. 数据的换算关系

1 B=8 bit，1 KB=1 024 B，1 MB=1 024 KB，1 GB=1 024 MB。

计算机型号不同，其字长是不同的，常用的字长有 8，16，32，64 位。一般情况下，IBM PC/XT 的字长为 8 位，80286 微机字长为 16 位，80386/80486 微机字长为 32 位，Pentium 系列微机字长为 64 位。

例如，一台微机，内存为 256 MB，硬盘容量为 80 GB，计算它们实际的存储字节数。

解：内存、硬盘容量分别为：

内存容量=256×1 024×1 024=268 435 456 B

硬盘容量=80×1 024×1 024×1 024=85 899 345 920 B

二、进位计数制

如何表示正负和大小，在计算机中采用什么计数制，是学习计算机的一个重要问题。数据是计算机处理的对象，在计算机内部，各种信息都必须通过数字化编码后才能进行存储和处理。由于技术原因,计算机内部一律采用二进制,而人们在编程中经常使用十进制,有时为了方便还采用十六进制。理解不同计数制及其相互转换是非常重要的。在计算机中,二进制并不符合人们的习惯,但是计算机内部却采用二进制表示信息,其主要原因有如下四点:

(1) 电路简单。在计算机中,若采用十进制,则要求处理10种电路状态,相对于两种状态的电路来说,是很复杂的。而用二进制表示,则逻辑电路的通、断只有两个状态。例如,开关的接通与断开,电平的高与低等。这两种状态正好用二进制的0和1来表示。

(2) 工作可靠。在计算机中,用两个状态代表两个数据,数字传输和处理方便、简单、不容易出错,因而电路更加可靠。

(3) 简化运算。在计算机中,二进制运算法则很简单。例如:相加减的速度快,求积规则有3个,求和规则也只有3个。

(4) 逻辑性强。二进制只有两个数码,正好代表逻辑代数中的"真"与"假",而计算机工作原理是建立在逻辑运算基础上的,逻辑代数是逻辑运算的理论依据,用二进制计算具有很强的逻辑性。

用若干数位(由数码表示)的组合去表示一个数,各个数位之间是什么关系,即逢"几"进位,这就是进位计数制的问题,也就是数制问题。数制,即进位计数制,是人们利用数字符号按进位原则进行数据大小计算的方法,通常是以十进制来进行计算的。另外,还有二进制和十六进制等。在计算机的数制中,要掌握3个概念,即数码、基数和位权。

(1)数码:一个数制中表示基本数值大小的不同数字符号。例如,十进制有10个数码:0、1、2、3、4、5、6、7、8、9。

(2)基数:一个数制所使用数码的个数。例如,十进制的基数为10,二进制的基数为2。

(3)位权:一个数制中某一位上的1所表示数值的大小。例如,十进制的123,1的位权是100,2的位权是10,3的位权是1。

1. 十进制(decimal notation)

(1)有10个数码:0、1、2、3、4、5、6、7、8、9。

(2)基数:10。

(3)逢十进一(加法运算),借一当十(减法运算)。

(4)按权展开式。对于任意一个n位整数和m位小数的十进制数D,均可按权展开为

$$D=D_{n-1}\cdot 10^{n-1}+D_{n-2}\cdot 10^{n-2}+\cdots+D_1\cdot 10^1+D_0\cdot 10^0+D_{-1}\cdot 10^{-1}-+\cdots+D_{-m}\cdot 10^{-m}$$

例如,将十进制数756.23写成按权展开式。

解:该数展开式为

$$756.23=7\times10^2+5\times10^1+6\times10^0+2\times10^{-1}+3\times10^{-2}$$

2. 二进制(binary notation)

(1)有两个数码:0、1。

(2)基数:2。

(3)逢二进一(加法运算),借一当二(减法运算)。

(4)按权展开式。对于任意一个n位整数和m位小数的二进制数D,均可按权展开为

$$D=B_{n-1}\cdot 2^{n-1}+B_{n-2}\cdot 2^{n-2}+\cdots+B_1\cdot 2^1+B_0\cdot 2^0+B_{-1}\cdot 2^{-1}+\cdots+B_{-m}\cdot 2^{-m}$$

例如:把$(11010.101)_2$写成按权展开式。

解:该数展开式为

$$(11010.101)_2=1\times2^4+1\times2^3+0\times2^2+1\times2^1+0\times2^0+1\times2^{-1}+0\times2^{-2}+1\times2^{-3}$$

3. 十六进制(hexadecimal notation)

(1)有 16 个数码:0、1、2、3、4、5、6、7、8、9、A、B、C、D、E、F。

(2)基数:16。

(3)逢十六进一(加法运算),借一当十六(减法运算)。

(4)按权展开式。对于任意一个 n 位整数和 m 位小数的十六进制数 D,均可按权展开为

$$D=H_{n-1}\cdot16^{n-1}+\cdots+H_1\cdot16^1+H_0\cdot16^0+H_{-1}\cdot16^{-1}+\cdots+H_{-m}\cdot16^{-m}$$

在 16 个数码中,A、B、C、D、E 和 F 这 6 个数码分别代表十进制的 10、11、12、13、14 和 15,这是国际上通用的表示法。

例如:把十六进制数$(4C5E.8)_{16}$写成按权展开式。

解:该数展开式为

$$(4C5E.8)_{16}=4\times16^3+C\times16^2+5\times16^1+E\times16^0+8\times16^{-1}$$

二进制数与其他数之间的对应关系如附表 D-1 所示。

附表 D-1 三种常用进制之间的对照关系

十进制	二进制	十六进制
0	0000	0
1	0001	1
2	0010	2
3	0011	3
4	0100	4
5	0101	5
6	0110	6
7	0111	7
8	1000	8
9	1001	9
10	1010	A
11	1011	B
12	1100	C
13	1101	D
14	1110	E
15	1111	F

三、常用计数制之间的转换

不同数进制之间进行转换应遵循转换原则。转换原则是:如果两个有理数相等,则有理数的整数部分和分数部分一定分别相等。也就是说,若转换前两数相等,转换后仍必须相等,数制的转换要遵循一定的规律。

1. 二、十六进制数转换为十进制数

(1)二进制数转换成十进制数

只要将二进制数用计数制通用形式表示出来,计算出结果,便得到相应的十进制数。即以 2 为基数按权展开并相加。

(2)十六进制数转换为十进制数

与二进制数转换成十进制数方法类似,方法是以 16 为基数按权展开并相加。

2. 十进制转换为二进制数

(1)整数部分的转换

整数部分的转换采用的是除 2 取余倒序法。其转换原则是:将该十进制数除以 2,得到一个商和余数(K_0),再将商除以 2,又得到一个新商和余数(K_1),如此反复,得到的商是 0 时得到余数(K_{n-1}),然后将所得到的各位余数,以最后余数为最高位,最初余数为最低位依次排列,即 $K_{n-1}K_{n-2}\cdots K_1K_0$,这就是该十进制数对应的二进制数。

例如,将$(126)_{10}$ 转换成二进制数。

解:

2	126			
2	63	-------- 余 0	(K_0)	低 ↑
2	31	-------- 余 1	(K_1)	
2	15	-------- 余 1	(K_2)	
2	7	-------- 余 1	(K_3)	
2	3	-------- 余 1	(K_4)	
2	1	-------- 余 1	(K_5)	
	0	-------- 余 1	(K_6)	高

结果:$(126)_{10}=(1111110)_2$。

(2)小数部分的转换

小数部分的转换采用乘 2 取整顺序法。其转换原则是:将十进制数的小数乘以 2,取乘积中的整数部分作为相应二进制数小数点后最高位 K_{-1},反复乘 2,逐次得到 K_{-2}、K_{-3}……K_{-m},直到小数部分的位数达到精确度要求为止。然后把每次乘积的整数部分由上而下依次排列起来($K_{-1}K_{-2}\cdots K_{-m}$),即是所求的二进制数。

例如:将十进制数$(0.534)_{10}$ 转换成相应的二进制数。

解:

0.534			
× 2			
1.068	1	(K_{-1})	高
× 2			↓
0.136	0	(K_{-2})	↓
× 2			↓
0.272	0	(K_{-3})	↓
× 2			↓
0.544	0	(K_{-4})	↓
× 2			↓
1.088	1	(K_{-5})	低

结果：$(0.534)_{10}=(0.10001)_2$。

例如：将$(48.125)_{10}$转换成二进制数。

解：对于这种既有整数又有小数部分的十进制数，可将其整数和小数分别转换成二进制数，然后再把两者连接起来即可。

因为$(48)_{10}=(110000)_2$，$(0.125)_{10}=(0.001)_2$，

所以$(48.125)_{10}=(110000.001)_2$。

3. 二进制数与十六进制数的相互转换

(1) 二进制数转换成十六进制数

二进制数转换成十六进制数的转换原则是“四位并一位”，即以小数点为界，整数部分从右向左每4位为一组，若最后一组不足4位，则在最高位前面添0补足4位，然后从左边第一组起，将每组中的二进制数按权数相加得到对应的十六进制数，并依次写出即可；小数部分从左向右每4位为一组，最后一组不足4位时，尾部用0补足4位，然后按顺序写出每组二进制数对应的十六进制数。

例如：将$(1111101101.0001101)_2$转换成十六进制数。

解：	0011	1110	1101	.	0001	1010
	↓	↓	↓	↓	↓	↓
	3	E	D	.	1	A

结果：$(1111101100.0001101)_2=(3ED.1A)_{16}$。

(2) 十六进制数转换成二进制数

十六进制数转换成二进制数的转换原则是“一位拆四位”，即把1位十六进制数写成对应的4位二进制数，然后按顺序连接即可。

例如：将$(C51.BA7)_{16}$转换为二进制数。

解：	C	5	1	.	B	A	7
	↓	↓	↓	↓	↓	↓	↓
	1100	0101	0001	.	1011	1010	0111

结果：$(C51.BA7)_{16}=(110001010001.101110100111)_2$。

4. 数制书写约定

在书写计算机程序时，一般不用基数作为下标来区分各种进制，而是用相应的英文字母作为后缀来表示各种进制的数。

二进制数在数字后面加字母 B(binary),如 1100101B。

十进制数在数字后面加字母 D(decimal),如 6859D。一般 D 可省略,即无后缀的数字为十进制数,如 6859。

十六进制数在数字后面加字母 H(hexadecimal),如 9FE7BH。

四、二进制数的运算

二进制数的运算包括算术运算和逻辑运算。

1. 二进制数的算术运算

二进制数的算术运算包括加法、减法、乘法和除法运算。

(1)二进制数的加法运算

二进制数的加法运算法则是:0+0=0,0+1=1,1+0=1,1+1=10(向高位进位)。

例如:求$(101101.10101)_2+(1011.11001)_2$的值。

解:

```
    1 0 1 1 0 1 . 1 0 1 0 1
+       1 0 1 1 . 1 1 0 0 1
---------------------------
    1 1 1 0 0 1 . 0 1 1 1 0
```

结果:$(101101.10101)_2+(1011.11001)_2=(111001.01110)_2$。

总结:从以上加法的过程可知,当两个二进制数相加时,每一位是 3 个数相加,即把本位被加数、加数和来自低位的进位相加(进位可能是 0,也可能是 1)。

(2)二进制数的减法运算

二进制数的减法运算法则是:0-0=0, 0-1=1(借 1 当二),1-0=1,1-1=0。

例如:求$(110000.11)_2-(1111.01)_2$的值。

解:

```
    1 1 0 0 0 0 . 1 1
-       1 1 1 1 . 0 1
---------------------
    1 0 0 0 0 1 . 1 0
```

结果:$(110000.11)_2-(1111.01)_2=(100001.1)_2$。

总结:从以上运算过程可知,当两数相减时,有的位会发生不够减的情况,要向相邻的高位借 1 当 2。所以,在做减法时,除了每位相减外,还要考虑借位情况,实际上每位有 3 个数参加运算。

(3)二进制数的乘法运算

二进制数的乘法运算法则是:0×0=0,0×1=0,1×0=0,1×1=1。

例如:求$(1010)_2×(1011)_2$的值。

解:

```
          1 0 1 0
×         1 0 1 1
-----------------
          1 0 1 0
        1 0 1 0
      0 0 0 0
+   1 0 1 0
-----------------
    1 1 0 1 1 1 0
```

结果:$(1010)_2×(1011)_2=(1101110)_2$。

总结：由以上运算过程可知，当两数相乘时，每个部分积都取决于乘数。乘数的相应位为 1 时，该次的部分积等于被乘数；为 0 时，部分积为 0。每次的部分积依次左移一位，将各部分积累加起来，就得到了最终结果。

(4) 二进制数的除法运算

二进制数除法运算规则是：0÷0＝0，0÷1＝0，1÷0 无意义，1÷1＝1。

例如：求$(111101)_2$÷$(1100)_2$的值。

解：

```
                   1  0  1
1100 /  1  1  1  1  0  1
      - 1  1  0  0
      ------------------
              1  1  0  1
            - 1  1  0  0
           -------------
                       1
```

结果：商为 101，余数为 1。

总结：在计算机内部，二进制的加法是基本运算，利用加法可以实现二进制数的减法、乘法和除法运算。在计算机的运算过程中，应用了"补码"进行运算。

2. 二进制数的逻辑运算

在计算机中，除了能表示正负、大小的"数量数"以及相应的加、减、乘、除等基本算术运算外，还能表示事物逻辑判断，即"真""假""是""非"等"逻辑数"的运算。能表示这种数的变量称为逻辑变量。在逻辑运算中，都是用"1"或"0"来表示"真"或"假"，由此可见，逻辑运算是以二进制数为基础的。

计算机的逻辑运算区别于算术运算的主要特点是：逻辑运算是按位进行的，位与位之间不像加减运算那样有进位或借位的关系。逻辑运算主要包括的运算有：逻辑或运算（又称逻辑加法）、逻辑与运算（又称逻辑乘号法）和逻辑非运算，此外还有逻辑异或运算。

(1) 逻辑与运算

逻辑与运算常用符号"×""∧"或"&"来表示。如果 A、B、C 为逻辑变量，则 A 和 B 的逻辑与可表示成 A×B＝C、A∧B＝C 或 A&B＝C，读作"A 与 B 等于 C"。一位二进制数的逻辑与运算规则如附表 D-2 所示。

附表 D-2 逻辑与运算规则

A	B	A∧B(C)
0	0	0
0	1	0
1	0	0
1	1	1

由附表 D-2 可知，逻辑与运算表示只有当参与运算的逻辑变量都取值为 1 时，其逻辑乘积才等于 1，即一假必假，两真才真。这种逻辑与运算在实际生活中有许多应用，例如，计算机的电源要想接通，必须把实验室的电源总闸、插排电源开关以及计算机机箱的电源开

关都接通才行。这些开关是串联在一起的,它们按照"与"逻辑接通。为了书写方便,逻辑与运算的符号可以略去不写(在不致混淆的情况下),即 $A \times B = A \wedge B = AB$。

例如:设 A=1110010,B=1010101,求 $A \wedge B$。

解:

$$\begin{array}{r} 1\ 1\ 1\ 0\ 0\ 1\ 0 \\ \wedge\quad 1\ 0\ 1\ 0\ 1\ 0\ 1 \\ \hline 1\ 0\ 1\ 0\ 0\ 0\ 0 \end{array}$$

结果:$A \wedge B = 1010000$。

(2)逻辑或运算

逻辑或运算通常用符号"+"或"∨"来表示。如果 A、B、C 为逻辑变量,则 A 和 B 的逻辑或可表示成 A+B=C 或 $A \vee B = C$,读作"A 或 B 等于 C"。一位二进制数的逻辑或运算规则如附表 D-3 所示。

附表 D-3 逻辑或运算规则

A	B	A ∨ B(C)
0	0	0
0	1	1
1	0	1
1	1	1

由附表 D-3 可知,逻辑或运算是在给定的逻辑变量中,A 或 B 只要有一个为 1,其逻辑或的值为 1;只有当两者都为 0 时,逻辑或才为 0。即一真必真,两假才假。这种逻辑或运算在实际生活中有许多应用,例如,房间里有一盏灯,装了两个开关,这两个开关是并联的。显然,任何一个开关接通或两个开关同时接通,电灯都会亮。

例如:设 A=11001110,B=10011010,求 $A \vee B$。

解:

$$\begin{array}{r} 1\ 1\ 0\ 0\ 1\ 1\ 1\ 0 \\ \vee\quad 1\ 0\ 0\ 1\ 1\ 0\ 1\ 0 \\ \hline 1\ 1\ 0\ 1\ 1\ 1\ 1\ 0 \end{array}$$

结果:$A \vee B = 11011110$。

(3)逻辑非运算(逻辑否定、逻辑求反)

设 A 为逻辑变量,则 A 的逻辑非运算记作 $\overline{A}$。逻辑非运算的规则为:如果逻辑变量是 0,求反后唯一的可能性就是 1;反之亦然。逻辑非运算规则如附表 D-4 所示。

附表 D-4 逻辑非运算规则

A	$\overline{A}$
0	1
1	0

由附表 D-4 可知,逻辑非运算是如果给定的逻辑变量 A 为 0,其逻辑非的值为 1;逻辑变量 A 为 1,其逻辑非的值为 0。例如,室内的电灯不是亮就是灭,按动控制开关后只有这两种可能性。

例如:设 A=111011001,B=110111101,求 $\overline{A}$、$\overline{B}$。

解:$\overline{A}$=000100110,$\overline{B}$=001000010。

(4)逻辑异或运算(半加运算)

逻辑异或运算符为"⊕"。如果 A、B、C 为逻辑变量,则 A 和 B 的逻辑异或可表示成 A⊕B=C,读作"A 异或 B 等于 C"。逻辑异或运算规则如附表 D-5 所示。

附表 D-5　逻辑异或运算规则

A	B	A⊕B(C)
0	0	0
0	1	1
1	0	1
1	1	0

由附表 D-5 可知,在给定的两个逻辑变量中,两个逻辑变量取值相同,则异或运算的结果就为 0;取值相异时,结果就为 1。即一样时为 0,不一样才为 1。

例如:设 A=11010011,B=10110110,求 A⊕B。

解:

```
     1 1 0 1 0 0 1 1
 ⊕   1 0 1 1 0 1 1 0
 --------------------
     0 1 1 0 0 1 0 1
```

结果:A⊕B=01100101。

当两个变量之间进行逻辑运算时,只在对应位之间按上述规律进行逻辑运算,不同位之间没有任何关系,当然,也就不存在算术运算中的进位或借位问题。

五、数值数据的表示

1. 机器数和真值

在计算机中,使用的二进制只有 0 和 1 两种值。一个数在计算机中的表示形式,称为机器数。机器数所对应的原来的数值称为真值,由于采用二进制必须把符号数字化,通常是用机器数的最高位作为符号位,仅用来表示数符。若该位为 0,则表示正数;若该位为 1,则表示负数。机器数也有不同的表示法,常用的有 3 种:原码、补码和反码。

机器数的表示法:用机器数的最高位代表符号(若为 0,则代表正数;若为 1,则代表负数),其数值位为真值的绝对值。假设用 8 位二进制数表示一个数,如附图 D-1 所示。

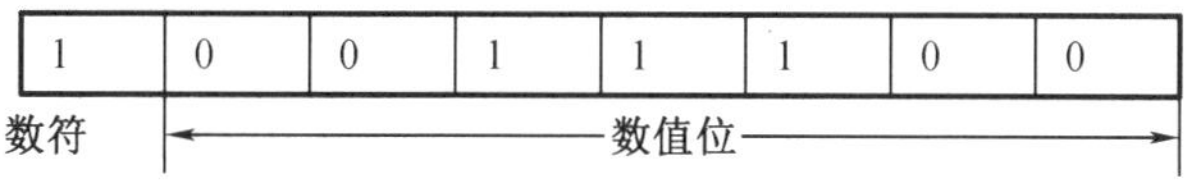

附图 D-1　用 8 位二进制表示一个数

在数的表示中,机器数与真值的区别是:真值带符号如-0011100,机器数不带数符,最高位为符号位,如10011100,其中最高位1代表符号位。例如:真值数为-0111001,其对应的机器数为10111001,其中最高位为1,表示该数为负数。

2. 原码、反码、补码的表示

在计算机中,符号位和数值位都用0和1表示,在对机器数进行处理时,必须考虑到符号位的处理,这种考虑的方法就是对符号和数值的编码方法。常见的编码方法有原码、反码和补码3种方法。在计算机中有符号数一般用补码表示,无论是加法还是减法都可采用加法运算,而且是连同符号位一起进行的,运算的结果仍为补码。

(1)原码的表示

一个数X的原码表示为:符号位用0表示正,用1表示负;数值部分为X的绝对值的二进制形式。记X的原码表示为$[X]_{原}$。

当$X=+1100100$时,则$[X]_{原}=01100100$。

当$X=-1110001$时,则$[X]_{原}=11110001$。

在原码中,0有两种表示方式:

当$X=+0000000$时,则$[X]_{原}=00000000$。

当$X=-0000000$时,则$[X]_{原}=10000000$。

(2)反码的表示

一个数X的反码表示方法为:若X为正数,则其反码和原码相同;若X为负数,在原码的基础上,符号位保持不变,数值位各位取反。记X的反码表示为$[X]_{反}$。

当$X=+1100100$时,则$[X]_{原}=01100100$,$[X]_{反}=01100100$。

当$X=-1110001$时,则$[X]_{原}=11110001$,$[X]_{反}=10001110$。

在反码表示中,0也有两种表示形式:

当$X=+0000000$时,则$[X]_{补}=00000000$。

当$X=-0000000$时,则$[X]_{反}=11111111$。

(3)补码的表示

一个数X的补码表示方式为:当X为正数时,则X的补码与X的原码相同;当X为负数时,则X的补码,其符号位与原码相同,其数值位取反加1。记X的补码表示为$[X]_{补}$。

当$X=+1110100$时,则$[X]_{原}=01110100$,$[X]_{补}=01110100$。

当$X=-1110001$时,则$[X]_{原}=11110001$,$[X]_{补}=10001111$。

在补码中,0只有一种表示方式:

当$X=+0000000$时,则$[X]_{补}=00000000$。

当$X=-0000000$时,则$[X]_{补}=00000000$。

3. BCD码

用二进制编码表示的十进制数称为二—十进制数,简称BCD(binary coded decimal)码。BCD码保留了十进制的权用四位二进制数给0~9这10个数字编码。BCD码种类较多,如有8421码、2421码和余3码等。最常用的是8421BCD码(以下简称BCD码),组成它的4位二进制数码的权分别是8、4、2、1。8421BCD码与十进制数的对应关系如附表D-6所示。

附表 D-6 BCD 码和十进制数的对照表

十进制数	0	1	2	3	4	5	6	7	8	9
BCD 码	0000	0001	0010	0011	0100	0101	0110	0111	1000	1001

十进制数 765 用 BCD 码表示的二进制数形式为:0111 0110 0101。

BCD 码的加减法运算与十进制运算规则相同,加法为逢十进一、减法为借一为十。由于计算机只能进行二进制加法,每四位采用逢十六进一的运算规则,因此计算机在进行 BCD 码加减法运算时,必须对运算结果进行修正。BCD 码加法运算的修正原则:若和的低 4 位大于 9 或低 4 位向高 4 位有进位,则低 4 位加 6;若高 4 位大于 9 或高 4 位向更最高位有进位,则高 4 位加 6。BCD 码减法运算的修正原则:若差的低 4 位大于 9 或低 4 位向高 4 位有借位,则低 4 位减 6;若高 4 位大于 9 或高 4 位向更高位有借位,则高 4 位减 6。

六、数据的表示

计算机中使用的数据分为数值型数据和非数值型数据两大类。数值数据用于表示数量意义;非数值数据又称为符号数据,包括字母和符号等。计算机除处理数值信息外,需大量处理的是字符信息。例如,将用高级语言编写的程序输入到计算机时,人与计算机通信时所用的语言就不再是一种纯数字语言而是字符语言。由于计算机中只能存储二进制数,这就需要对字符进行编码,建立字符数据与二进制代码之间的对应关系,以便于计算机识别、存储和处理。这里介绍两种符号数据的表示。

1. 字符数据的表示

计算机中用得最多的符号数据是字符,它是用户和计算机之间的桥梁。用户使用计算机的输入设备,输入键盘上的字符键向计算机内输入命令和数据,计算机把处理后的结果也以字符的形式输出到屏幕或打印机等输出设备上。对于字符的编码方案有很多种,但使用最广泛的是 ASCII 码。ASCII 码是美国国家信息交换标准字符码,现在被采纳为一种国际通用的信息交换标准代码。

ASCII 码由 0~9 这 10 个数符,52 个大、小写英文字母,32 个符号及 34 个计算机通用控制符组成,共有 128 个符号。因为 ASCII 码总共为 128 个符号,故用二进制编码表示时需用 7 位。任意一个符号由 7 位二进制数表示,从 0000000 到 1111111 共有 128 种编码,可用来表示 128 个不同的字符。ASCII 码表的查表方式是:先查列(高三位),后查行(低四位),然后按从左到右的书写顺序完成,如 B 的 ASCII 码为 1000010。在 ASCII 码进行存放时,由于它的编码是 7 位,但计算机中常用的存储单位是 1 个字节(8 位),故仍以 1 字节来存放 1 个 ASCII 字符,每个字节中多余的最高位取 0。7 位 ASCII 字符编码表如附表 D-7 所示。

附表 D-7 ASCII 字符编码表

$d_3d_2d_1d_0$	$d_6d_5d_4$							
	000	001	010	011	100	101	110	111
0000	NUL	DLE	SP	0	@	P	′	p
0001	SOH	DC1	!	1	A	Q	a	q

附表 D-7(续)

$d_3d_2d_1d_0$	$d_6d_5d_4$							
	000	001	010	011	100	101	110	111
0010	STX	DC2	“	2	B	R	b	r
0011	ETX	DC3	#	3	C	S	c	s
0100	EOT	DC4	$	4	D	T	d	t
0101	ENQ	NAK	%	5	E	U	e	u
0110	ACK	SYN	&	6	F	V	f	v
0111	BEL	ETB	‘	7	G	W	g	w
1000	BS	CAN	(	8	H	X	h	x
1001	HT	EM	)	9	I	Y	i	y
1010	LF	SUB	*	:	J	Z	j	z
1011	VT	ESC	+	;	K	[	k	{
1100	FF	FS	,	<	L	、	1	|
1101	CR	GS	-	=	M	]	m	}
1110	SO	RS	.	>	N	^	n	~
1111	SI	US	/	?	O	_	o	DEL

由附表 D-7 可知,ASCII 码字符可分为两大类:

(1)打印字符:即从键盘输入并显示的 95 个字符,如大小写英文字母等。表中数字 0~9 这 10 个数字字符的高 3 位编码(D6D5D4)为 011,低 4 位为 0000~1001。当去掉高 3 位时,低 4 位正好是二进制形式的 0~9。

(2)不可打印字符:共 33 个,其编码值为 0~31(0000000~0011111)和 127(1111111),不对应任何可印刷字符。不可打印字符通常为控制符,用于计算机通信中的通信控制或对设备的功能控制。如编码值为 1111111,是删除控制 DEL 码,它用于删除光标之后的字符。

ASCII 码字符的码值可用 7 位二进制代码或 2 位十六进制来表示。例如字母 D 的 ASCII 码值为 1000100B 或 44H,数字 4 的码值为 0110100B 或 34H 等。

2. 汉字的存储与编码

英语文字是拼音文字,所有文字均由 26 个字母拼组而成,所以使用一个字节表示一个字符足够了。但汉字是象形文字,汉字的计算机处理技术比英文字符复杂得多,一般用两个字节表示一个汉字。由于汉字有一万多个,常用的也有六千多个,所以编码采用两字节的低 7 位共 14 个二进制位来表示。汉字交换码主要是用作汉字信息交换的。以国家标准局 1980 年颁布的《信息交换用汉字编码字符集基本集》(GB 2312—1980)规定的汉字交换码作为国家标准汉字编码,简称国标码。GB 2312—1980 规定,所有的国际汉字和符号组成一个 94×94 的矩阵。在该矩阵中,每一行称为一个“区”,每一列称为一个“位”,这样就形成了 94 个区号(01~94)和 94 个位号(01~94)的汉字字符集。国标码中有 6 763 个汉字和 682 个其他基本图形字符,共计 7 445 个字符,其中规定一级汉字 3 755 个,二级汉字 3 008 个,图形符号 682 个。一个汉字所在的区号与位号简单地组合在一起就构成了该汉字的“区位码”。

附录 E　C 语言运算符的优先级

一、运算符的分类

如图附 E-1 所示。

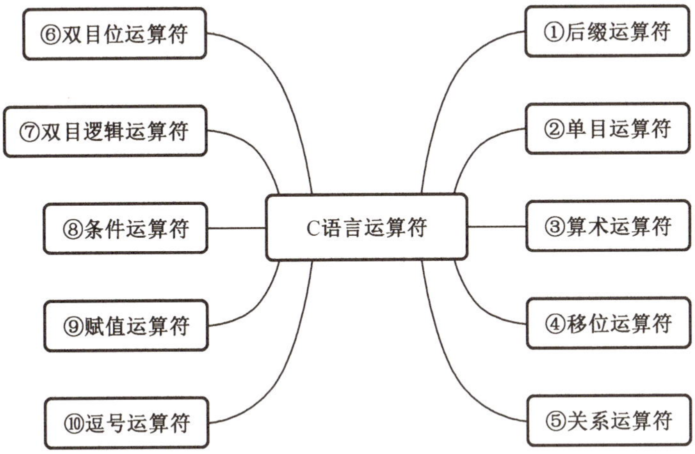

图附 E-1　运算符的分类

二、运算符的优先级及结合方式

见附表 E-1。

附表 E-1　运算符的优先级及结合方式

优先级	运算符	含义	结合性
1	( )	圆括号	自左向右
	[ ]	下标运算符	
	->	指向结构体成员运算符	
	.	结构体成员运算符	
2	!	逻辑非运算符(单目运算符)	自右向左
	~	按位取反运算符(单目运算符)	
	++	自增运算符(单目运算符)	
	--	自减运算符(单目运算符)	
	+	正号运算符(单目运算符)	
	-	负号运算符(单目运算符)	
	*	指针运算符(单目运算符)	
	&	取地址运算符(单目运算符)	
	(类型名)	类型强制转换运算符(单目运算符)	
	sizeof	长度运算符(单目运算符)	

附表 E-1(续)

<table>
<tr><th>优先级</th><th>运算符</th><th>含义</th><th>结合性</th></tr>
<tr><td>3</td><td>*,/,%</td><td>乘法,除法,求余运算符</td><td rowspan="10">自左向右</td></tr>
<tr><td>4</td><td>+,-</td><td>加法,减法运算符</td></tr>
<tr><td>5</td><td>〈〈,〉〉</td><td>左移,右移运算符</td></tr>
<tr><td>6</td><td>〈,〈=,〉,〉=</td><td>小于、大于运算符</td></tr>
<tr><td>7</td><td>==,!=</td><td>等于、不等于运算符</td></tr>
<tr><td>8</td><td>&</td><td>按位与运算符</td></tr>
<tr><td>9</td><td>∧</td><td>按位异或运算符</td></tr>
<tr><td>10</td><td>|</td><td>按位或运算符</td></tr>
<tr><td>11</td><td>&&</td><td>逻辑与运算符</td></tr>
<tr><td>12</td><td>| |</td><td>逻辑或运算符</td></tr>
<tr><td>13</td><td>?:</td><td>条件运算符(三目运算符)</td><td rowspan="2">自右向左</td></tr>
<tr><td>14</td><td>=,+=,-=,*=,/=,%=,
〉〉=,〈〈=,&=,∧=,|</td><td>赋值运算符</td></tr>
<tr><td>15</td><td>,</td><td>逗号运算符</td><td>自左向右</td></tr>
</table>

参 考 文 献

[1] 何钦铭,颜晖. C 语言程序设计[M]. 4 版. 北京:高等教育出版社,2020.
[2] 李红,伦墨华,王强. C 语言程序设计实例教程[M]. 2 版. 北京:机械工业出版社,2014.
[3] 谭浩强. C 语言程序设计[M]. 4 版. 北京:清华大学出版社,2020.
[4] 沈涵飞. C 语言程序设计[M]. 北京:机械工业出版社,2018.
[5] 武春玲,高灵霞. C 语言程序设计[M]. 北京:高等教育出版社,2014.
[6] 张小梅. C 语言程序设计[M]. 北京:北京出版社,2008.
[7] 程立倩. C 语言程序设计案例教程[M]. 北京:北京邮电大学出版社,2012.